まえがき　〜物いわぬは腹ふくるるわざなり〜

「芸術は長く，人生は短い」と訳される格言 Ars longa vita brevis は，ギリシャの医聖 Hippocrates の述懐「(医者の) 一生は短いが，(医) 術 (の生命) は長い」のラテン語訳で，ars アルスに相当する原語は $\tau\acute{\epsilon}\chi\nu\eta$ テクネである [13]．これらの由緒ある古語の本来の意味は芸術ではなくて，技術であった．そしてこれに応ずる古来の日本語を求めればわざに行き当たる．

前著『数値計算のつぼ』に対する多数の読者の支持と，その予想以上の売れ行きに励まされた執筆者一同は，高揚した著述意欲の次なる対象を求めて続編を刊行する意志を堅め，共立出版の同意を得てその書名を『数値計算のわざ』とすることに一決した．

つぼが隠れた秘訣であるのに対して，わざは経験と修練によって獲得され，磨かれた技術である．したがって，本書は研究者，専門家あるいはそれらを目指す人々のための専門書であり，参考書である．研究と教育の最前線に立つ執筆者たちが自信をもって紹介するもろもろのわざが，数値計算社会の進歩のために貢献することを切に期待する次第である．

最後に，我々の良き同志として数値計算の研究と NUMPAC の開発に協力された鳥居達生名古屋大学名誉教授，秦野和郎愛知工業大学教授をはじめとする研究者の方々，ならびに本書の出版に当たって一方ならぬお世話になった，共立出版株式会社の寿　日出男氏と横田穂波氏に深甚の感謝を捧げる．

平成 18 年 1 月

執筆者代表　名古屋大学名誉教授
二宮　市三

執筆者一覧

二宮　市三（にのみや いちぞう）
　名古屋大学名誉教授 工学博士（東京大学）
　第1章担当

吉田　年雄（よしだ としお）
　中部大学工学部教授 工学博士（名古屋大学）
　第2章担当

長谷川武光（はせがわ たけみつ）
　福井大学大学院教授 工学博士（名古屋大学）
　第3章，第8章担当

秦野　甯世（はたの やすよ）
　中京大学情報科学部教授 理学博士（北海道大学）
　第7章担当

杉浦　洋（すぎうら ひろし）
　南山大学数理情報学部教授 工学博士（名古屋大学）
　第5章，第8章担当

櫻井　鉄也（さくらい てつや）
　筑波大学大学院システム情報工学研究科教授 博士（工学）（名古屋大学）
　第4章担当

細田　陽介（ほそだ ようすけ）
　福井大学大学院助教授 博士（工学）（名古屋大学）
　第6章担当

目　次

第1章　関数近似の計算法　　1

- 1.1　1変数関数と多変数関数 *2*
- 1.2　最良有理近似 *2*
- 1.3　最良近似式の作成 *3*
- 1.4　最良近似式作成システム *6*
- 1.5　平方根の最良近似式 *7*
- 1.6　原点近傍における近似 *8*
- 1.7　中間領域における近似 *11*
- 1.8　無限遠点近傍における近似 *13*
- 1.9　まとめ *20*

第2章　Bessel関数の計算法　　21

- 2.1　関数の精度と計算法の概要 *22*
- 2.2　Millerの方法 *23*
  - 2.2.1　$J_n(x)$の計算法 *23*
  - 2.2.2　$I_n(x)$の計算法 *31*
- 2.3　Deuflhardの方法 *35*
  - 2.3.1　任意精度で$\sum_{k=0}^{n} d_k J_k(x)$を求める計算法 *38*

目次

- 2.3.2　任意精度で $\sum_{k=0}^{n} d_k I_k(x)$ を求める計算法 40
- 2.4　まとめ 41

第3章　数列の収束の加速法　43

- 3.1　加速とは 44
  - 3.1.1　収束の遅い数列とその加速の具体例 44
  - 3.1.2　収束が遅いあるいは発散する各種数列と級数 45
  - 3.1.3　加速法の原理と簡単な例（Aitken の Δ^2 法） 46
  - 3.1.4　漸近展開と Romberg 積分 47
  - 3.1.5　Richardson 補外 48
  - 3.1.6　変換が加速法であるとは 50
- 3.2　いろいろな数列とその加速法（変換法） 51
  - 3.2.1　Euler 変換は線形変換 51
  - 3.2.2　Shanks 変換と ε アルゴリズム 51
  - 3.2.3　Levin 変換 54
  - 3.2.4　一般化 Richardson 補外 (GREP) と W アルゴリズム 55
  - 3.2.5　d 変換 56
- 3.3　加速法の応用，無限積分 58
  - 3.3.1　無限積分（D 変換） 58
  - 3.3.2　無限振動積分（mW 変換） 60
- 3.4　その他の加速の話題 61
- 3.5　加速法のプログラム 61
- 3.6　まとめ 62

第4章　大型線形方程式の反復解法　63

- 4.1　疎行列 64
- 4.2　共役勾配法 66
- 4.3　前処理による収束性の改善 69

	4.3.1	前処理付き共役勾配法	69
	4.3.2	不完全 Cholesky 分解	70
	4.3.3	しきい値による要素数の削減	72
4.4	非対称行列の反復解法		73
	4.4.1	双共役勾配法	73
	4.4.2	不完全 LU 分解による前処理	74
	4.4.3	近似逆行列による前処理	76
4.5	疎行列のデータ表現		78
	4.5.1	行順に要素格納する方法	78
	4.5.2	列順に格納する方法	81
4.6	まとめ		81

第5章　固有値問題　　83

5.1	はじめに	84
5.2	近似固有値の誤差評価	84
5.3	累乗法	87
5.4	Householder 変換による対称行列の三重対角化	90
5.5	対称三重対角行列に対する二分法	92
5.6	対称三重対角行列に対する QR 法	95
	5.6.1　既約対称三重対角行列に対する QR 法反復	96
	5.6.2　Wilkinson シフト	100
5.7	まとめ	101

第6章　特異値分解　　103

6.1	行列の特異値分解の定義	104
6.2	特異値分解の数値計算法	105
6.3	行列の二重対角化	105
	6.3.1　左右から Householder 変換を用いる方法	106
	6.3.2　QR 分解と高速 Givens 変換を用いる方法	109

- 6.4 二重対角行列の対角化 *112*
- 6.5 特異ベクトルの必要性 *116*
- 6.6 最小 2 乗問題への適用 *117*
- 6.7 まとめ *119*

第 7 章　曲線の推定と図形処理　　　　　　　　　　*121*

- 7.1 曲線を推定するとは *122*
- 7.2 区分的 Hermite 補間 *123*
- 7.3 スプライン補間 *126*
  - 7.3.1 3 次スプライン補間 *126*
  - 7.3.2 B スプラインによるスプライン関数の表現 *132*
  - 7.3.3 B スプラインによる補間スプライン *135*
- 7.4 まとめ *140*

第 8 章　多重積分　　　　　　　　　　　　　　　　*141*

- 8.1 はじめに *142*
- 8.2 直積型積分則 *143*
  - 8.2.1 直積型は低次元積分に *143*
  - 8.2.2 領域の変換 *144*
- 8.3 最小求積公式 *144*
  - 8.3.1 d 次元立方体 C_d *145*
  - 8.3.2 d 次元シンプレックス T^d *146*
  - 8.3.3 その他の領域 *146*
- 8.4 Monte Carlo 法 *146*
  - 8.4.1 Monte Carlo 法 *146*
  - 8.4.2 準 Monte Carlo 法 *147*
- 8.5 優良格子点法 *148*
  - 8.5.1 Good Lattice Point Method *148*
  - 8.5.2 周期関数と変数変換 *151*

8.6	適応型自動積分法	*151*
	8.6.1　d 次元立方体領域	*152*
	8.6.2　d 次元シンプレックス領域	*153*
	8.6.3　その他の領域	*153*
8.7	多重積分プログラム	*153*
8.8	まとめ	*154*

参考文献 *155*

索　引 *167*

第1章
関数近似の計算法
~誤差を制御する~

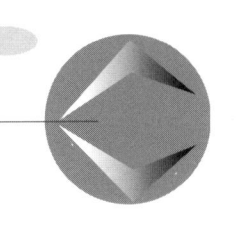

本章の目的

科学技術計算には平方根，指数関数，三角関数，対数関数などの初等関数を始め，Gamma 関数，誤差関数，さらには球関数，Bessel 関数などの特殊関数もしばしば出現する．関数なくして，数値計算は不可能であるといっても過言ではない．したがって，これらの関数を精度よく，高速に計算する方法を考案し，優れたプログラムを構築することは，関数計算に携わる者の大きな責務である．本章では1変数関数の最良近似式の作成，および計算精度の確保と速度の向上に役立つ，さまざまなわざを紹介する．

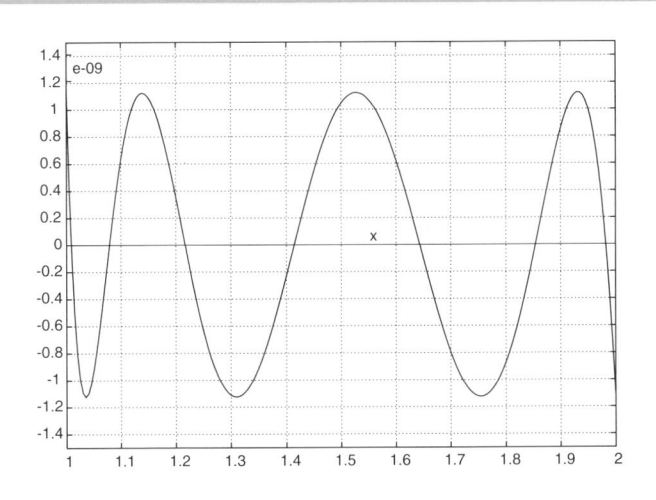

図 1.1　区間 $[1, 2]$ における $\sqrt{x}$ の 3/3 最良有理近似式の相対誤差

1.1 1変数関数と多変数関数 〜加減乗除は2変数関数〜

科学技術計算に登場する関数には**1変数関数**と**多変数関数**がある．たとえばコンパイラが提供する標準関数は，冪乗 x^y などを除いて1変数関数である．Bessel 関数 $J_\nu(x)$ は次数 ν を固定すれば1変数関数であるが，変数と考えれば2変数関数となる．超幾何関数 $F(a,b;c;x)$ は3個の副変数をもつ4変数関数である．数値計算の立場から，これらの関数の間には決定的な差異がある．1変数関数は**最良近似式**によって効果的に計算できるのに対して，多変数関数にはそのような手段がなく，定義式をそのまま計算せざるを得ない．以後，もっぱら1変数関数を取り扱い，1変数を省略して単に関数という．

関数を近似するには四則演算だけで計算できる**多項式**，あるいは**有理式**を用い，近似の規準には誤差の最大絶対値を問題にする**一様近似**を用いる．解析学者 **Weierstrass** は区間 $[0,1]$ で，連続関数 $f(x)$ を **Bernstein 多項式**

$$(B_n f)(x) = \sum_{k=0}^{n} f\left(\frac{k}{n}\right) \binom{n}{k} x^k (1-x)^{n-k}$$

で限りなく一様近似できることを証明した [3]．しかし誤差を ϵ 以下に抑えるには多項式の次数 n が ϵ^{-1} の程度以上に大きくなるので，実用には全く無縁である．実用に耐える一様近似は Chebyshev の**最良近似**（**Chebyshev 近似**とも **Minimax 近似**ともいう）によって始めて現実のものとなった．

1.2 最良有理近似 〜応用数学者 Chebyshev のなせるわざ〜

区間 $[a,b] (a<b)$ 上で**連続関数** $f(x)$ を，有理式 $R(x) \in \mathbf{R}[m,n]$ で近似する問題を考える．ただし $\mathbf{R}[m,n]$ は，互いに疎な m 次多項式 $P(x)$ と n 次多項式 $Q(x)$ の比で表される有理式 $R(x) = P(x)/Q(x)$ の集合を表す．誤差を

$$e(R,x) = w(x)\bigl(R(x) - f(x)\bigr)$$

と定義する．ただし**重率** $w(x)$ は $[a,b]$ 上の**定符号**連続関数である．典型的な重率 $w(x) = 1$, $w(x) = 1/f(x)$ はそれぞれ**絶対誤差**，**相対誤差**に対応する．
最良有理近似問題：区間 $[a,b]$，関数 $f(x)$，重率 $w(x)$，次数 m,n を与えて，最大誤差 $\max_{a \le x \le b}|e(R,x)|$ を最小にする有理式 $R^* \in \mathbf{R}[m,n]$ を求めよ．

この問題に対して次の Chebyshev の定理 [2, 11] が成立する．

準備のために有理式 $R(x) \in \mathbf{R}[m,n]$ の次数を
$$D(R) = m + n - \min(m - m^*, n - n^*) \ (R \neq 0); \ m \ (R = 0)$$
と定義する．ただし m^*, n^* はそれぞれ $P(x), Q(x)$ の正確な次数である．

Chebyshev の定理：唯一の最良有理近似 $R^* \in \mathbf{R}[m,n]$ が**存在**する．
$$\left|e(R^*, x_i)\right| = \max_{a \leq x \leq b}\left|e(R^*, x)\right|, \ e(R^*, x_i) = (-)^{i-1}e(R^*, x_1), \ 1 \leq i \leq N$$
が成立する数列 $a \leq x_1 < x_2 < \cdots < x_N \leq b$ が存在するとき，またそのときに限り R^* は**最良**である．ただし $N = D(R^*) + 2$ である．

誤差が最大絶対値をとる点 $x_1 < x_2 < \cdots < x_N$ を**偏差点**，符号の交代する極値をとる偏差点列の性質を**等幅振動**という．

1.3 最良近似式の作成 〜本物そっくりの偽物〜

最良近似式が解析的に与えられる希な実例を二つ挙げる．

(1) 区間 $[-1, 1], f(x) = x^k, m = k - 1, n = 0, w(x) = 1$：$x^k$ の最良近似 $k-1$ 次多項式は $R^*(x) = x^k - 2^{1-k}T_k(x)$ である．偏差点は Chebyshev 多項式 $T_k(x)$ の極値点と両端点で，誤差 $e(R^*, x) = -2^{1-k}T_k(x)$ は振幅 2^{1-k} で等幅振動する．R^* の正確な次数は $m^* = k - 2$ である．理論としては面白いが，実際に無意味であることはいうまでもない．

(2) 区間 $[a, b](0 < a < b), f(x) = \sqrt{x}, w(x) = 1/f(x)$：平方根の相対誤差規準の最良近似は $m = n$ と $m = n + 1$ の場合，Jacobi の楕円関数を用いて解析的に与えられる [8]．その特例の最良 1 次近似式 ($m = 1, n = 0$) は，誤差を $h(x) = p(x+q)/\sqrt{x} - 1$ と定義し，未知数 p, q, x_2 について等幅振動条件 $h(a) = -h(x_2) = h(b), h'(x_2) = 0$ を解いて初等的に求められる．係数，極値点，最大誤差は次のとおりである．

$$p = \frac{2}{(a^{1/4} + b^{1/4})^2}, \ q = x_2 = \sqrt{ab}, \ e_{\max} = \left(\frac{a^{1/4} - b^{1/4}}{a^{1/4} + b^{1/4}}\right)^2$$

最良近似式を**解析的**に求めることはほとんど不可能であるが，**数値的**に求めることはいくらでも可能である．しかし，指導原理の Chebyshev の定理

は極めて希な事態をも想定していて複雑である．現実には大多数の場合に
$$m^* = m,\ n^* = n,\ N = m+n+2,\quad x_1 = a,\ x_N = b$$
が成り立つ．最良近似式の作成を考える上で，非現実的な可能性を無視し，関数と区間とに次のような制限を加えた標準問題を設定するのが妥当である．

標準問題：近似区間を**標準区間**$[0,1]$に限定する．被近似関数はその Taylor 展開が特殊のパターンをもたない**一般形の関数**に制限する．

任意の区間$[a,b]$上の任意の関数$f(z)$を近似するために，区間$[a,b]$を$[0,1]$に移す適当な**連続単調変換**$z = \varphi(x)$によって$f(\varphi(x))$の標準問題に還元する．この問題の最良近似式を$R(x)$とすると，求める近似式は$R(\varphi^{-1}(z))$である．逆変換$x = \varphi^{-1}(z)$も連続単調で，偏差点列は等幅振動を保ったまま変換される．以下に実際に現れる主要な場合を列挙する．記述の簡単のために，一般形の関数を$g(z)$で表す．

(1) **一般形の関数**（区間$[a,b]$上の$g(z)$の場合）：1次変換$z = a + (b-a)x$によって関数$g(a+(b-a)x)$の標準問題となる．その近似式を$R(x)$とすれば求める近似式は$R(x)$と同次の$R((z-a)/(b-a))$である．

(2) **一般形の関数とzの積**（区間$[a,b]$上の$zg(z)$の場合）：zを除外して$g(z)$の相対誤差規準の近似（以下相対近似という）を考える．求める近似式は前項と同じ近似式を用いて$zR((z-a)/(b-a))$で与えられる．なぜなら相対近似では$e(zg, zR) = e(g, R)$となるからである．

この場合のzをz^{-1}などの冪z^kに一般化するのは容易である．

(3) **偶関数**（区間$[0,a]\,(a>0)$上の$g(z^2)$の場合）：変換$z = \sqrt{ax}$によって関数$g(ax)$の標準問題となる．その近似式を$R(x)$とすれば求める近似式は$R(z^2/a)$で与えられる．

(4) **奇関数**（区間$[0,a]\,(a>0)$上の$zg(z^2)$の場合）：求める近似式は前項と同じ近似式を用いて$zR(z^2/a)$で与えられる．

以上の枚挙は決して完全ではないが，主要な場合を含んでおり，一般化の余地もあるので実質的に十分である．(2)と(4)で相対近似のみを扱ったのは，一般に相対近似の方が有用であることと，この場合の絶対近似は標準問題に還元できず，特殊な取り扱いを要することによる．

1.3 最良近似式の作成

さて，標準問題の最良近似式を数値的に求めるための **Remes の算法**[11, 12] を説明しよう．算法は等幅振動を追求して以下のように進行する．

(1) 偏差点列の初期値：$0 = x_1^{(0)} < x_2^{(0)} < \cdots < x_N^{(0)} = 1$ を推定する．$x_i^{(0)} = \sin^2\bigl(\frac{i-1}{N-1}\frac{\pi}{2}\bigr)$, $i = 1, 2, \ldots, N$ と選べば成功に導くことが多い．終了した前回の結果の利用方法は 1.5 節参照のこと．

(2) 等幅振動の要請：N 元連立非線形方程式

$$w(x_i^{(r)})\left(\frac{P^{(r)}(x_i^{(r)})}{Q^{(r)}(x_i^{(r)})} - f(x_i^{(r)})\right) = (-)^i E^{(r)}, \quad i = 1, \ldots, N$$

を解く．分母の定数項は常に $q_0 = 1$ と定めておく．したがって，未知数は分子の係数 $p_0^{(r)}, p_1^{(r)}, \ldots, p_m^{(r)}$，分母の係数 $q_1^{(r)}, \ldots, q_n^{(r)}$ と $E^{(r)}$ で，その個数は $m + n + 2 = N$ である．$|E^{(r)}|$ は点 $x_i^{(r)}, i = 1, \ldots, N$ における誤差の絶対値で，非線形項は有理式の分母の定数項以外の部分と $E^{(r)}$ の積である．$n = 0$ の**多項式近似**では非線形項はなく，方程式は**線形**となって容易に解ける．$n > 0$ の**有理式近似**の場合は**非線形**となり反復法によって解く．初回は非線形項を無視し，2 回目以降はこれに前回の反復値を代入して線形化した連立方程式を解く．$E^{(r)}$ の値が収束すればこのステップを終了する．

(3) **極値点探索**：ステップ (2) の結果，誤差 $h(x) = e(P^{(r)}/Q^{(r)}, x)$ は点列 $x_i^{(r)}, i = 1, \ldots, N$ で振幅 $|E^{(r)}|$ の**等幅振動**を示す．しかしこれらの点は必ずしも**極値点**ではない．そこで両端以外のすべての点 $x_i^{(r)}$ の付近で，$h(x)$ が $h(x_i^{(r)})$ と同符号の極値をとる点 $x_i^{(r+1)}$ を探索する．そのために $h(x_i^{(r)})$ の正負に応じて，それぞれ山型または谷型に並ぶ誤差曲線上の 3 個の点を用いて $h'(x) = 0$ を近似的に解く．このステップが終了すれば，必ずしも等幅振動ではないが，**符号の交代する極値**をとる点列 $x_i^{(r+1)}$, $i = 1, \ldots, N$ が得られる．ステップ (3) は尋常な手段だけでは扱い切れない部分を含むソフト化の最大の難所である．

(4) **収束判定**：端点および極値点における誤差の絶対値の最大と最小の比が 1 に十分近ければ等幅振動が達成されたと判断し，算法を終了する．さもなければステップ (2) に戻る．

1.4 最良近似式作成システム ～企業秘密～

現在，科学技術計算では倍精度が常用の精度である．したがって，倍精度関数の最良近似式を作成するための**高精度演算システム**が必須である．最も手近な高精度演算システムは，FORTRAN や C 言語コンパイラが内蔵している 4 倍精度システムである．4 倍精度数は，型宣言だけで通常の数と同様に扱われる．**混合演算**と**複素計算**が可能であり，**標準関数**[10] も完備している．この意味で 4 倍精度システムは完全に一般利用者に公開されているといえる．

4 倍精度数には **IEEE 規格**[10] があって各部分のビット数は符号 1, 指数部 15, 仮数部 112 と定められている．しかしこの規格にこだわらず，二つの倍精度数の和として 4 倍精度数を表現し，高性能の実数計算ハードウェアを生かそうというシステムも存在する．筆者も，同じ構成のものを含めてこの系統のいくつかのシステムを作っている（これらのシステム作りでは**四手和**[10] が大活躍をする）．その中には**拡張倍精度数**（符号 1, 指数部 15, 正味仮数部 64, 10 進 19 桁相当）[10] を二つ連結した**拡張 4 倍精度システム**があって，4 倍精度関数の精度検定や最良近似式作成に利用して大いに重宝した．

Borland C++ で書かれた筆者の最新の **4 倍精度システム**は IEEE 規準にしたがい，混合演算，複素計算の機能と標準関数を完備している上に，非常に高速である．4 倍精度システムを完成した余勢を駆って作った **8 倍精度システム**は，4 倍精度数に 128 ビットの仮数部を追加した 10 進 72 桁相当の実数を用いており，4 倍精度システムとほぼ同様の機能を備えている．

一方，対極的な**任意精度演算システム**があって，数学定数などを多数桁計算するような場合には非常に便利であるが，実際の問題に必要な計算には重すぎて役に立たない．現実の問題に本当に役立つのは，精度が常用精度の 2 倍程度で，計算が速く小回りの利くシステムである．過度の機能や一般化は必ずしも有益ではない．

さて，Remes の算法，あるいはその他の方法に基づく**最良近似式作成システム**は確実に存在する [5, 6]．計算機やコンパイラのメーカには必須のツールである．しかしそのようなツールは，当事者が必要に迫られて努力の末に

組み立てた，いわゆる職人の自前の道具であって，**企業秘密**として秘蔵され公開されることはない．筆者も 30 年の運用と改革の経歴を有する未公開システムを保有している．NUMPAC[14] の多数の関数ルーチンはこのシステムの所産である．Borland C++ で書かれた最新版は，上述の 4/8 倍精度演算システムの上で作動する **QREMES/OREMES** である．本章のすべての数値実験を行った Pentium M (1.3GHz)，Windows XP 搭載のノートパソコンで QREMES を使って普通難度の倍精度最良近似式を生成すれば，計算機はほとんど沈黙することなく途中経過を出力し続けて，まもなく停止する．OREMES を使えば 4 倍精度の最良近似式を生成することも可能である．

1.5 平方根の最良近似式 〜歴史は動いた〜

最良近似式の作成法を，4 倍精度システム QREMES を用いて説明する．実例として区間 $[1,2]$ で**平方根** $\sqrt{z}$ の相対最良近似を考えよう．まず 1 次変換 $z = 1 + x$ によって標準区間 $[0,1]$ の一般形の関数 $f(x) = \sqrt{1+x}$ を，重率 $1/f(x)$ の下で近似する標準問題に還元する．近似式の精度はその次数に依存するが，依存関係は明らかでない．あらゆる場合に適用できる，強力な方策は**押し上げ**である．次数を最初は低く設定し，得られた近似式の精度を見極めながら，1 ずつ上げていく．このとき，各回の偏差点列の**中点列**と両端点を次回の初期偏差点列にとるのが極めて効果的である．

$m = 1, n = 0$ から始めて，n, m の順に交互に押し上げた実験の結果を次表に示す．ただし精度は最大誤差の逆数の常用対数を表す．なお $m = n = 3$ の場合の誤差曲線を図 1.1（1 ページ）に示す．

1.3 節の理論的な結果との比較のために最良 1 次近似式のデータを掲げる．
$$p = 0.417308, q = x_2 = 1.414212, e_{\max} = 0.0074696$$

表 1.1 平方根の最良近似の精度

$m+n$	1	2	3	4	5	6	7	8	9	10
m	1	1	2	2	3	3	4	4	5	5
n	0	1	1	2	2	3	3	4	4	5
精度	2.1	3.5	4.9	6.2	7.6	8.9	10.3	11.7	13.0	14.4

さて，得られた標準変数 x の有理近似式を，元の変数 z の有理式に変えるために逆変換 $x = z - 1$ を行う．このような逆変換の計算は，後述の種々の調整の計算とともにすべて QREMES の出力ルーチンが要求に応じて実行する．最終的な近似式は，乗算を 1 回節約する目的で，分母の最高次の係数が 1 となるように正規化し，その係数を C 言語あるいは FORTRAN の数値データの書式にしたがい，到達精度より 3 桁の余裕を取って出力する．たとえこの桁数が多少過大であっても，実害はないので姑息な手直しは行わない．

一方，筆者は 1970 年に，$m = n$ および $m = n + 1$ の有理式による平方根の相対最良近似式が **Jacobi** の楕円関数 **dn** によって**解析的**に与えられることを発見した [8, 9]．この発見の理論的価値は大きいが，実際的価値は小さい．楕円関数で与えられる近似式の係数の面倒な計算をするよりは，QREMES で数値的に求めてしまう方が手っ取り早い．ともかく，平方根がハードウェアで計算される今日，その近似の意義はかなり減退したものと考えられる．

1.6 原点近傍における近似 〜メインイベント〜

原点近傍は，関数を定義する Taylor 級数によって，解析構造の認識と高精度計算が容易であるために，近似に最も適した環境である．

例 1：定義式どおりに計算すると**桁落ち**[10] が起きる区間 $[-\log 2, \log 2]$ の上の **Bernoulli 関数**[1]：$z/(e^z - 1) = 1/\sum_{k=0}^{\infty} z^k/(k+1)!$ の相対近似である．1 次変換 $z = \log 2(2x - 1)$ で区間 $[0, 1]$ 上の標準問題となる．関数の形から多項式の逆数，すなわち $m = 0$ の形が合理的に見えるが，QREMES による実験の結果では，意外にも他の多くの例と同様 $m \sim n$ の形の方が精度が高いことが判明した．近似区間の広さがその原因であろうか．

$m = 6, n = 5$ の近似式を用いた C 言語ルーチンの断片は次のとおり．

表 1.2 Bernoulli 関数の最良近似の精度

$m+n$	6	6	8	8	10	10	11	11
m	0	3	0	4	0	5	0	6
n	6	3	8	4	10	5	11	5
精度	7.5	9.1	10.4	12.5	13.6	16.1	15.0	18.0

Program 1.1 Bernoulli 関数の倍精度有理式近似

```
double bern(double z){
    static double a0= 7.02260562984664283944e-11;
    static double a1=-3.61077537547846095324e+07;
    static double a2= 6.01037375143698938201e+06;
    static double a3=-1.09268146406465802347e+06;
    static double a4= 8.18143617326414140306e+04;
    static double a5=-4.53958833610741949464e+03;
    static double a6= 1.07777371730186934024e+02;
    static double b0= 7.22155075095692198728e+07;
    static double b1= 1.51704153875363918642e+04;
    static double b2= 2.18789133069387155126e+06;
    static double b3= 4.21199679866895027463e+02;
    static double b4= 9.10723657651395040465e+03;
    return ((((((a6*z+a5)*z+a4)*z+a3)*z+a2)*z+a1)*z+a0)
          /(((((z+b4)*z+b3)*z+b2)*z+b1)*z+b0)+1.0;
}
```

近似式の精度が 18 と非常に高いために計算誤差としては丸め誤差だけを考慮すればよい．丸め誤差削減のために本ルーチンに組み込まれた工夫は以下のとおりである．近似式を R とすると，ルーチン内の計算は象徴的に $(R-1)+1$ と書ける．最初の引算は QREMES が行う数式処理的な計算で，その結果の S に対する加算 $S+1$ は実行時の加算である．R を原形のまま計算すれば，係数の表示，分子と分母の計算およびその間の除算での丸め誤差が直接関数値に影響する．これに対して，R の代わりに $S+1$ を用いる場合には，主要項の 1 に比べて小さい S の丸め誤差は，最後の 1 の加算の際の丸め誤差に埋没して影響がない．一般に，近似式 $R = P/Q$ から，あらかじめ高精度計算で主要項 p を引き抜いて $S = (P - pQ)/Q$ とし，実行時に寄算 $S+p$ を最後に決めて丸めを削減するこの手法を**抜き寄せ**（将棋の**寄せ**にも因む）と呼ぶ．当然このわざが有益であるためには分子の次数が分母以上である必要がある．

以上の説明から，関数値は倍精度関数の標準 16 桁の精度があると考えられる．これは我々がなしうる最善であり，これ以上のことは望むべくもない．

例2：$1+z$ の計算で情報落ち[10] が起きる区間 $[-1/2, 1]$ 上の $\log(1+z)$ の相対近似である．変換 $x = z/(z+2)$ によって区間 $[-1/3, 1/3]$ 上の奇関数 $\log\bigl((1+x)/(1-x)\bigr)$ の近似となる．$m = n = 2$ から押し上げた最良近似式の精度と，$m = n = 4$ の近似式を用いた関数プログラムの断片を次に示す．

表 1.3　$\log\bigl((1+x)/(1-x)\bigr)$ の最良近似の精度

m	2	3	3	4	4	5	5
n	2	2	3	3	4	4	5
精度	10.2	12.2	14.5	16.5	18.7	20.8	23.0

Program 1.2　$\log(1+z)$ の倍精度有理式近似

```
double log1p(double z){
    double t,x;
    static double a0= 1.343868263121195503720e-17;
    static double a1= 2.318975937387695797088e+01;
    static double a2=-3.596702770967539323901e+01;
    static double a3= 1.564508745527078514880e+01;
    static double a4=-1.660498419730477197880e+00;
    static double b0= 3.478463906081546474972e+01;
    static double b1=-7.482132500100869683330e+01;
    static double b2= 5.345272372943044723628e+01;
    static double b3=-1.409097943508807212884e+01;
    x=z/(z+2.0);t=x*x;
    return (((((a4*t+a3)*t+a2)*t+a1)*t+a0)
           /((((t+b3)*t+b2)*t+b1)*t+b0)-z)*x+z;
}
```

近似式の精度が 18.7 と高いので丸め誤差だけを考える．
$\log\bigl((1+x)/(1-x)\bigr)/x$ の近似式 R から主要項 2 を引き抜いた結果を S とすると計算式は $Sx + 2x$ となる．これで大半の丸めは削減されたが，まだ $x = z/(z+2)$ の丸めが残っている．一見この誤差は**不可避**のように見える．ところが，関係 $2x = z - xz$ を利用して $Sx + 2x = (S-z)x + z$ と変形すれば，$(S-z)x$ は z に比べて小さいので，その丸めは最後の z の加算の丸めに対して無視できる．抜き寄せにひねりを加えた**裏わざ**である．

1.7 中間領域における近似 〜振動関数を相対近似する〜

中間領域は原点近傍と無限遠点近傍の中間に位置する区間である．両側での近似問題が先決で，その間に取り残された中間領域では，有効な理論構造がないためにややともすると無原則な取り扱いになりやすい．ここでは**振動関数の零点**を近似の中心にとり，この場合の常識である**絶対近似**ではなくて，**相対近似**を試みよう．

0次 Bessel 関数 [1] は次の収束のよい Taylor 展開で表される関数である．

$$J_0(z) = \sum_{k=0}^{\infty} \frac{(-)^k (z/2)^{2k}}{k!k!}$$

この関数は，ほぼ π の間隔で連なる無限個の零点をもつ振動関数である．振動の極値点は 1 次 Bessel 関数 $J_1(z)$ の零点で，振幅は $\sqrt{z}$ に反比例して減衰する．具体例は最小零点 $a = 2.4048\cdots$ と，最小極値点 $b = 3.8317\cdots$ の間の相対近似問題である．この問題は 1 次変換 $z = a + (b-a)x$ によって区間 $[0,1]$ の上の $f(x) = J_0(a + (b-a)x)/x$ の標準問題となる．

4倍精度数の二つの倍精度数への**切り分け**プログラムと，QREMES による精度 16.8 の 12 次多項式を用いた関数プログラムの断片を以下に示す．

Program 1.3 4倍精度数を二つの倍精度数に切り分ける

```
quad qa;          /* 4倍精度数の宣言 */
double a0,a1;     /* 倍精度数の宣言   */
a0=qa;            /* 型変換：切断    */
a1=qa-a0;         /* 混合減算：分離  */
```

Program 1.4 最小零点と最小極値の間の $J_0(z)$ の相対最良近似

```
double bj0(double z){
    /* a0,a1:零点, bb:極値, cc:微係数の短縮値 */
    double x;
    static double a0 = 2.4048255576957728860e+00;
    static double a1 =-1.1766916515308940000e-16;
    static double bb = 3.8317059702075120000e+00;
    static double cc =-5.1914215087890625000e-01;
```

```
    static double c0 =-5.3464105605289746482e-06;
    static double c1 = 1.0793870175491799449e-01;
    static double c2 = 5.6601774438025933264e-02;
    static double c3 =-8.6576695944988489455e-03;
    static double c4 =-2.1942003497027413419e-03;
    static double c5 = 2.6437699344141039724e-04;
    static double c6 = 4.3729322170419993580e-05;
    static double c7 =-4.3390856689046492021e-06;
    static double c8 =-5.3013575390212159223e-07;
    static double c9 = 4.4366186020209819966e-08;
    static double c10= 4.5379613088769681289e-09;
    static double c11=-4.0201826986082593561e-10;
    static double c12=-5.8931826746840188080e-12;
    if(z==a0) return 0.0;
    x=(z-a0)-a1; /* 二段引き */
    return ((((((((((((c12*x+c11)*x+c10)*x+c9)*x
        +c8)*x+c7)*x+c6)*x+c5)*x+c4)*x+c3)*x
        +c2)*x+c1)*x+c0)*x+cc*x;
}
```

Newton法[10]で計算した4倍精度の零点の値は二つの倍精度数$a0, a1$に切り分けられている．$a0$の丸めが切り捨てか，または切り上げかによって，$a0$と$a1$は同符号または異符号になるが，その働きに変わりはない．$a0$は計算されたときの値を正確に再現するために，標準以上の桁数で表示している．

プログラムの冒頭で，引数zと零点との距離を$x = (z-a0)-a1$と二段引き（囲碁の強硬手段二段バネに因む）で計算する．指定の領域ではzと$a0$の指数部に差がないので，第一の引算には丸め誤差がなく，桁落ち[10]によって生じた下位の空白を次の$a1$の引算が埋める．このときの丸めだけがxに残るので，もしも引数zが正確なら，xはほぼ全桁正しい．二段引きは4倍精度減算に匹敵する効果がある．

主要項の零点での微係数の代わりに，その仮数部の上位部分（ここでは16ビット）以降を抹消した**短縮値**ccによる抜き寄せも行われている．ccは正確であるから最後の乗算$cc * x$の丸め誤差が軽減される．正確に表示できない主要項の代わりに，その短縮値を用いて抜き寄せ本来の効果を保ちながら，

丸め誤差を削減するこのわざは抜き寄せの**決定版**である．

1.8 無限遠点近傍における近似 〜無限遠点への長い道程〜

$[a,\infty](a>0)$ の形の区間を**無限遠点近傍**という．この領域では一般論は成り立ち難い．しかし，いくつかの重要な特殊関数 [1] に適用できる包括的な方法がある．主要な関数と従属の 2 階線形同次微分方程式は下記のとおりである．

指数積分

$$y = E_1(z) = \int_z^\infty \frac{e^{-s}ds}{s}, \ zy'' + (1+z)y' = 0$$

三角積分（正弦積分，余弦積分）

$$y = \mathrm{Ci}(z) + i\left(\mathrm{Si}(z) - \frac{\pi}{2}\right) = -\int_z^\infty \frac{e^{is}ds}{s}, \ zy'' + (1-iz)y' = 0$$

余誤差関数

$$y = \mathrm{erfc}(z) = \frac{2}{\sqrt{\pi}}\int_z^\infty e^{-s^2}ds, \ y'' + 2zy' = 0$$

Fresnel 積分

$$y = C(z) - \frac{1}{2} + i\left(S(z) - \frac{1}{2}\right) = -\int_z^\infty \frac{e^{is}ds}{\sqrt{2\pi s}}, \ zy'' + \left(\frac{1}{2} - iz\right)y' = 0$$

変形 Bessel 関数

$$y = I_\nu(z), K_\nu(z), \ z^2 y'' + zy' - (z^2 + \nu^2)y = 0, \ \nu \geq 0$$

Hankel 関数（Bessel 関数）

$$y = H_\nu^{(1)}(z) = J_\nu(z) + iY_\nu(z), \ z^2 y'' + zy' + (z^2 - \nu^2)y = 0, \ \nu \geq 0$$

これらの関数は，すべて原点近傍で収束のよい Taylor 級数に展開され，解析も計算も容易である．一方，無限遠点近傍では，表 1.4 に示される変数変換

$$y = f(z)u(x), \ x = g(z) : [a, \infty] \to [0, 1]$$

表 1.4 変数変換と補助関数の基礎微分方程式

関数	$f(z)$	$g(z)$	a	p	q	r	$u(0)$
指数積分	e^{-z}/z	a/z	4	3	$-a$	1	1
三角積分	e^{iz}/z	a/z	8	3	ia	1	$-i$
余誤差関数	e^{-z^2}/z	$(a/z)^2$	3	5/2	$-a^2$	1/2	$1/\sqrt{\pi}$
Fresnel 積分	$e^{iz}/\sqrt{z}$	a/z	8	5/2	ia	1/2	$-i/\sqrt{2\pi}$
$I_\nu(z)$	$e^z/\sqrt{z}$	a/z	8	2	$2a$	μ	$1/\sqrt{2\pi}$
$K_\nu(z)$	$e^{-z}/\sqrt{z}$	a/z	2	2	$-2a$	μ	$\sqrt{\pi/2}$
$H_\nu^{(1)}(z)$	$e^{i(z-\lambda)}/\sqrt{z}$	a/z	8	2	$2ia$	μ	$\sqrt{2/\pi}$

$\lambda = (2\nu+1)\pi/4$, $\mu = 1/4 - \nu^2, \nu \geq 0$, a：典型的な値.

によって，次の**基礎微分方程式**を満足する補助関数 $u(x)$ に変換される．

$$x^2 u'' + (px - q)u' + ru = 0$$

原点 $x = 0$ は $u(x)$ の不確定特異点で，その周りの形式的な冪級数は発散する**漸近級数**

$$u(x) \approx u(0)\left(1 + \sum_{n=1}^{\infty} \frac{x^n}{n! q^n} \prod_{k=0}^{n-1}(k^2 + (p-1)k + r)\right)$$

であって計算は容易ではない．しかし **Clenshaw** の方法[4] を用いれば，基礎微分方程式から直接ずらし **Chebyshev** 級数を導くことができ，得られた級数は後述の **Clenshaw** の求和法によって，多項式のネスティング[10] に匹敵する速度で安定に計算できる．

Clenshaw の方法を区間 $[0,1]$ で展開するためにずらし **Chebyshev** 多項式 $T_k^*(x)$[1]（以下ずらしを省略）を利用する．その定義は次のとおりである．

$$T_k^*(x) = T_k(2x-1), \quad T_k^*\left(\cos^2\frac{\theta}{2}\right) = \cos k\theta$$

まず，関数 $u(x)$ の r 階の導関数 $u^{(r)}(x)$ を $T_k^*(x)$ で展開して次のようにおく．

$$u^{(r)}(x) = \frac{1}{2}\sum_{k=-\infty}^{\infty} c_k^{(r)} T_k^*(x) = {\sum_{k=0}^{\infty}}' c_k^{(r)} T_k^*(x), \quad r \geq 0$$

1.8 無限遠点近傍における近似

ただし，$c_{-k}^{(r)} = c_k^{(r)}$, $T_{-k}^*(x) = T_k^*(x)$, $k = 1, 2, \ldots$ と約束する．上式では中辺がわかりやすいが，簡略のため今後は右辺を代用する．右辺の総和記号のダッシュは添字 $k = 0$ の項に $1/2$ を乗ずることを意味する．目的はこの式を基礎微分方程式に代入して，$c_k = c_k^{(0)}$ を求めることにある．そのとき多項式係数を処理するために必要な**幂乗変換**

$$x^m \sum_{k=0}^{\infty}{}' c_k^{(r)} T_k^*(x) = 2^{-2m} \sum_{k=0}^{\infty}{}' T_k^*(x) \sum_{j=-m}^{m} \binom{2m}{m+j} c_{k+j}^{(r)}, \ m \geq 0$$

は，公式 $2\cos\theta \cos k\theta = \cos(k-1)\theta + \cos(k+1)\theta$ の書き換え

$$2(2x-1)T_k^*(x) = T_{k-1}^*(x) + T_{k+1}^*(x)$$

から始まる帰納法によって証明できる．また $c_k^{(r)}$ の**減次変換**

$$c_{k-1}^{(r+1)} - c_{k+1}^{(r+1)} = 4k c_k^{(r)}, \ k \geq 0, \ r \geq 0$$

は，公式 $2\sin\theta \cos k\theta = \sin(k+1)\theta - \sin(k-1)\theta$ と $T_k^*(x)$ の微分

$$\frac{dT_k^*(x)}{dx} = 2k \sin k\theta / \sin\theta$$

を用いて証明できる．さて，記号を改めて次のように展開する．

$$u(x) = \sum_{k=0}^{\infty}{}' c_k T_k^*(x), \ u'(x) = \sum_{k=0}^{\infty}{}' c_k' T_k^*(x), \ u''(x) = \sum_{k=0}^{\infty}{}' c_k'' T_k^*(x)$$

これらを基礎方程式に代入し，幂乗変換を使って簡単化すると，

$$\sum_{k=0}^{\infty}{}' \Phi(k) T_k^*(x) = 0, \ \Phi(k) \triangleq \frac{1}{16}(c_{k-2}'' + 4c_{k-1}'' + 6c_k'' + 4c_{k+1}'' + c_{k+2}'')$$

$$+ \frac{1}{4}\left(pc_{k-1}' + (2p-4q)c_k' + pc_{k+1}'\right) + rc_k = 0, \ k \geq 0$$

となる．$\Phi(k) - \Phi(k+2)$ に減次変換を用い，2 次の係数を消去して

$$\frac{1}{4}\bigl((k-1)c'_{k-1} + 4kc'_k + 6(k+1)c'_{k+1} + 4(k+2)c'_{k+2} + (k+3)c'_{k+3}\bigr)$$
$$+(pk+r)c_k + (k+1)(2p-4q)c_{k+1} + \bigl(p(k+2)-r\bigr)c_{k+2} = 0, \ k \geq 0$$

を得る．再び減次変換で c'_{k-1}, c'_{k+3} を c'_{k+1} で，c'_{k+2} を c'_k で表すと，

$$\Psi(k) \triangleq c'_k + c'_{k+1} + \frac{k(k-1+p)+r}{2(k+1)}c_k$$
$$-(2k+4-p+2q)c_{k+1} - \frac{(k+2)(k+3-p)+r}{2(k+1)}c_{k+2} = 0, \ k \geq 0$$

となる．さらに，$\Psi(k) - \Psi(k+1)$ に減次変換を用いると，c_k だけの**線形 4 項漸化式** $\Omega(k)$ が得られる．

$$\Omega(k) \triangleq \omega_k c_k + \omega_{k+1} c_{k+1} + \omega_{k+2} c_{k+2} + \omega_{k+3} c_{k+3} = 0, \ k \geq 0$$
$$\omega_k = \frac{k(k-1+p)+r}{k+1}, \quad \omega_{k+1} = 4k + 2q - 4q - \frac{(k+1)(k+p)+r}{k+2},$$
$$\omega_{k+2} = 4k + 12 - 2p + 4q - \frac{(k+2)(k+3-p)+r}{k+1},$$
$$\omega_{k+3} = \frac{(k+3)(k+4-p)+r}{k+2}$$

上式に表 1.4 の p, q, r の値を代入すれば，個々の関数について表 1.5 の結果が得られる．

表 1.5　線形 4 項漸化式係数

関数	ω_k	ω_{k+1}	ω_{k+2}	ω_{k+3}
指数積分	$k+1$	$3k+4+4a$	$3k+5-4a$	$k+2$
三角積分	$k+1$	$3k+4-4ia$	$3k+5+4ia$	$k+2$
余誤差関数	$2k+1$	$6k+7+8a^2$	$6k+11-8a^2$	$2k+5$
Fresnel 積分	$2k+1$	$6k+7-8ia$	$6k+11+8ia$	$2k+5$
$I_\nu(z)$	$k+\rho$	$3k+3-8a-\sigma$	$3k+6+8a-\rho$	$k+3+\sigma$
$K_\nu(z)$	$k+\rho$	$3k+3+8a-\sigma$	$3k+6-8a-\rho$	$k+3+\sigma$
$H_\nu^{(1)}(z)$	$k+\rho$	$3k+3-8ia-\sigma$	$3k+6-8ia-\rho$	$k+3+\sigma$

$$\mu = 1/4 - \nu^2, \rho = \mu/(k+1), \sigma = \mu/(k+2).$$

1.8 無限遠点近傍における近似

いよいよ目的の 4 項漸化式 $\Omega(k) = 0$ を解く段階となった．適当に整数 N と実数 ϵ を選んで（例：$N = 100, \epsilon = 1$），$\tilde{c}_N = \epsilon, \tilde{c}_k = 0, k > N$ とし，$\tilde{c}_{N-1}, \tilde{c}_{N-2}, \ldots, \tilde{c}_0$ の順に計算すれば，試みの解 $\tilde{c}_k$ が求められる．これを真の解 c_k に変える**正規化条件**として，$u(x)$ の**境界条件**を利用する．典型的な境界条件は

$$u(0) = \sum_{k=0}^{\infty}{}'(-)^k c_k, \quad u(1) = \sum_{k=0}^{\infty}{}' c_k$$

である．これらを使う場合には，それぞれ次のようにすればよい．

$$c_k = \frac{u(0)}{w}\tilde{c}_k, \quad k = 0, 1, 2, \ldots, N; \quad w = \sum_{k=0}^{N}{}'(-)^k \tilde{c}_k$$

$$c_k = \frac{u(1)}{w}\tilde{c}_k, \quad k = 0, 1, 2, \ldots, N; \quad w = \sum_{k=0}^{N}{}' \tilde{c}_k$$

各関数に対して表 1.4 の a の値と $\nu = 0, 1$ を選択し，表 1.5 の 4 項漸化式と境界条件 $u(0)$ を用いて Chebyshev 級数を求めた．4(8) 倍精度による計算は少数の例外を除いて安定で，倍精度の最良近似式を計算するために十分な精度が確保できた．例外は**変形 Bessel 関数** $I_0(z), I_1(z)$ の場合で，展開係数に同じ微分方程式の第 2 の解 $K_0(z), K_1(z)$ の影響による乱れが混入した．そこで，異なる初期値から出発する二つの試みの解を作り，二つの境界条件 $u(0), u(1)$ を課したところ乱れは完全に除去された．8 倍精度で計算した諸関数の Chebyshev 級数の打切り精度を，係数の絶対値の減少の様子から控えめに推定して次表に示す．ただし三角積分，Fresnel 積分，Hankel 関数の実数部と虚数部および $\nu = 0, 1$ の場合の諸関数の精度はすべて同じである．

表 1.6 諸関数の Chebyshev 級数の打切り精度

関数	E_1	erfc	C_i, S_i	C, S	$H_\nu^{(1)}$	I_ν	K_ν
a	4	3	8	8	8	8	2
50 項	25	25	30	30	35	23	23
100 項	40	45	50	50	50	35	40

Program 1.5 Clenshaw の求和ルーチン

```
double clenshaw(double c[],int n,double x)
{/*   c[]:係数の配列, n:項数+1, x:引数 */
    int k;
    double s0,s1,s2,t;
    s0=s1=0.0;
    t=x*4.0-2.0;
    for(k=n;k>=0;k--){
        s2=t*s1-s0+a[k];
        s0=s1;s1=s2;
    }
    return s1-(t*s0+a[0])*0.5;
}
```

上述の Chebyshev 級数から Clenshaw の求和法によって得られる数値を使って諸関数の近似式を作成することができる．実例は区間 $[8,\infty]$ 上の三角積分である．近似式の適正な形を知るために漸近級数を調べる．表 1.4 から必要な情報を取り出して補助関数 u の漸近級数（14 ページ）を求めると次の結果を得る．

$$\mathrm{Ci}(z) + i\bigl(\mathrm{Si}(z) - \pi/2\bigr) = \frac{-ie^{iz}}{z}\bigl(\phi(x) - i\psi(x)\bigr),$$

$$\phi(x) \approx \sum_{k=0}^{\infty}(-)^k (2k)!\,(x/8)^{2k},\ \psi(x) \approx \sum_{k=0}^{\infty}(-)^k (2k+1)!\,(x/8)^{2k+1}$$

$$\mathrm{Ci}(z) = \frac{\phi(x)\sin z - \psi(x)\cos z}{z},\ \mathrm{Si}(z) = \pi/2 - \frac{\psi(x)\sin z + \phi(x)\cos z}{z}$$

絶対値と偏角 $\rho(x) = (x/8)\sqrt{\phi(x)^2 + \psi(x)^2}$, $\theta(x) = \arctan\bigl(\psi(x)/\phi(x)\bigr)$ を使って上式を変形すると次の**位相振幅法**の計算式を得る．

$$\mathrm{Ci}(z) = \rho(x)\sin\bigl(z - \theta(x)\bigr),\ \mathrm{Si}(z) = \pi/2 - \rho(x)\cos\bigl(z - \theta(x)\bigr)$$

補助関数 $u(x)$ の Chebyshev 級数を用いて $\phi(x), \psi(x), \rho(x), \theta(x)$ の最良近似式を QREMES で作ることができる．これらの近似式を用いた位相振幅法によって正弦，余弦積分を同時に計算する関数ルーチンの断片を以下に示す．

1.8 無限遠点近傍における近似

—— **Program 1.6** 無限遠点近傍の三角積分の位相振幅法ルーチン ——
```
void csi(double z,double* vci,double* vsi){
    double x,t,rho,tht;
    static double hp = 1.57079632679489661923e+00;/* π/2 */
#include efgh.dat /*-------係数データ省略---------*/
    x=8.0/z;t=x*x;
    rho=(((((((e7*t+e6)*t+e5)*t+e4)*t+e3)*t+e2)*t+e1)*t+e0)/
        ((((((((t+f6)*t+f5)*t+f4)*t+f3)*t+f2)*t+f1)*t+f0)*x
        +x*0.125;
    tht=(((((((g7*t+g6)*t+g5)*t+g4)*t+g3)*t+g2)*t+g1)*t+g0)/
        ((((((((t+h6)*t+h5)*t+h4)*t+h3)*t+h2)*t+h1)*t+h0)*x;
    *vci=sin(z-tht)*rho;*vsi=hp-cos(z-tht)*rho;
}
```

振幅 $\rho(x)$ は奇関数で，その近似式 ($m = n = 7$，精度 16.4) に主要項 $x/8$ の抜き寄せを行った．位相 $\theta(x)$ も奇関数であるが，その近似式 ($m = n = 7$) の精度は 15.6 と低い．しかし，精度をこれ以上高めたり，抜き寄せを行う必要はない．三角関数の引数として大きい数 z から引かれるので，この精度で十分であり，折角の努力が無駄になるからである．

位相振幅法の代わりに普通の実部虚部法を使えば，$\rho(x)$ とほぼ同量の計算を要する $\phi(x), \psi(x)$ の近似式に加えて二つの三角関数を計算しなければならない．したがって $C_i(z)$ または $S_i(z)$ を単独に計算する場合には，位相振幅法よりも三角関数の呼び出しが 1 回多くなる．両者を同時に計算する場合にはどちらの方法も 2 回の呼び出しになる．もしも 1 回の呼び出しで正弦と余弦を同時に返す**並列三角関数**があれば，呼び出しは 1 回に減る．**コンピュータグラフィックス**や複素変数の指数関数と三角関数のように，同じ引数の正弦と余弦が同時に必要な場面は頻繁に発生する．現状では，時間のかかる同一の**区間縮小**[10] を反復する無駄を防ぐ方法はない．この不合理を解消する唯一の方策は，コンパイラが並列三角関数を**利用者に公開**してその利用を奨励することである．科学技術計算の合理化のためにこの措置の速やかな実現を期待して止まない．

1.9 まとめ 〜わざは押しと引きにあり〜

　連立非線形方程式の求解，誤差の極値点の探索など煩雑で困難な計算処理を含む **Remes の算法**を，**高速高精度計算と押し上げの大わざ**によって遂行した末に構成された**最良近似式**は，その（数キロバイトの）小ささと（等幅振動する誤差曲線の）美しさと希少価値によって数値計算の**宝石**の名にふさわしい．宝石が原石から切断や研磨を受けて始めて光輝を放つと同様に，最良近似式も，**引算**の活用が生み出す抜き寄せ，切り分け，二段引きなどの小わざによって調整，補強されて始めて真価を発揮できる．気が付いてみれば，**押しと引き**の志向は Pascal の**幾何学と繊細の精神** [7] に通底するものではないだろうか．

第2章
Bessel関数の計算法
~わざあり一本の計算法とは~

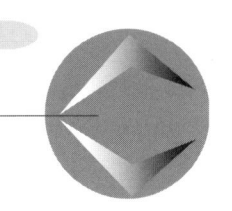

本章の目的

　第1種 Bessel 関数 $J_n(x)$ や第1種変形 Bessel 関数 $I_n(x)$（以下では，両者の関数をまとめて Bessel 関数ということにする）の強力な計算法として，漸化式を用いる計算法がある．この方法は Miller の方法 (Miller algorithm) とも呼ばれており，0 次から n（適当に指定した非負の整数）次までの一連の次数の Bessel 関数を一斉に計算することができるという特長をもっている．本章では，この Miller の方法の誤差解析を簡単に説明する．また，一連の次数の Bessel 関数を計算するための C 言語の参考プログラムも示す．

　本章の残りの部分では，任意の精度で，0 次から n 次までの Bessel 関数の級数の和 $\sum_{k=0}^{n} d_k J_k(x)$ あるいは $\sum_{k=0}^{n} d_k I_k(x)$ を計算することができる Deuflhard の方法を説明する．これは漸化式を用いる方法を行列表現し，その行列の次元を一つずつ増しながら解く方法である．この C 言語プログラムも示す．このプログラムで，$d_k = 0$ $(k = 0, 1, \ldots, n-1)$, $d_n = 1$ とすれば，任意の精度で $J_n(x)$ あるいは $I_n(x)$ の値を計算することができる．

　本章を通じて，Bessel 関数の計算についての奥深い「わざ」を味わってほしい．

2.1 関数の精度と計算法の概要 〜精度いろいろ〜

組み込み数学関数 (標準関数) は，通常，用いる演算のほぼ一杯の精度で関数値を出力する (たとえば，倍精度演算では，ほぼ倍精度の計算値を出す)．これを**フル精度固定型**ということにする．ほとんどの組み込み数学関数は 1 実変数の関数であり，最良近似式により計算される．1 実変数の関数がフル固定精度で計算されるのは，最良近似式によりフル精度でも能率的に計算できるからである．

一方，方程式の解を求めるプログラムや定積分の値を求めるプログラムでは，要求精度を指定して解の近似値が計算される．このように要求精度を任意に指定して解を求めるものを**任意精度指定型**ということにする．

1 実変数の **Bessel 関数** (たとえば，$J_0(x)$, $J_1(x)$, $I_0(x)$, $I_1(x)$ など) の計算には，$\sin x$, $\cos x$, e^x などの組込み数学関数の場合と同様に最良近似式が使われている．それらは通常，フル精度固定型であり，その計算式は，x がある値 x_c (たとえば，$x_c = 8$) より小さい場合と大きい場合では異なるものを使う．たとえば，$x \leq x_c$ のときには，次の形の最良近似多項式

$$J_0(x) = P_0^J(x^2), \qquad J_1(x) = x P_1^J(x^2)$$
$$I_0(x) = P_0^I(x^2), \qquad I_1(x) = x P_1^I(x^2)$$

で計算する．ただし，$P_0^J(x)$, $P_1^J(x)$, $P_0^I(x)$, $P_1^I(x)$ は多項式である．$J_0(x)$, $I_0(x)$ は x の偶関数，$J_1(x)$, $I_1(x)$ は x の奇関数であることを用いている．$x > x_c$ のときには，次の形の最良近似式

$$J_0(x) = \frac{1}{\sqrt{x}} \left(S_0 \left(\left(\frac{x_c}{x}\right)^2 \right) \cos\left(x - \frac{\pi}{4}\right) - T_0 \left(\left(\frac{x_c}{x}\right)^2 \right) \sin\left(x - \frac{\pi}{4}\right) \right)$$

$$J_1(x) = \frac{1}{\sqrt{x}} \left(T_1 \left(\left(\frac{x_c}{x}\right)^2 \right) \cos\left(x - \frac{\pi}{4}\right) - S_1 \left(\left(\frac{x_c}{x}\right)^2 \right) \sin\left(x - \frac{\pi}{4}\right) \right)$$

$$I_0(x) = \frac{e^x}{\sqrt{x}} U_0\left(\frac{x_c}{x}\right), \qquad I_1(x) = \frac{e^x}{\sqrt{x}} U_1\left(\frac{x_c}{x}\right)$$

で計算する．ただし，$S_0(x)$, $S_1(x)$, $T_0(x)$, $T_1(x)$, $U_0(x)$, $U_1(x)$ は有理式である．

2 変数の **Bessel 関数**の場合には最良近似式を作成するのは困難であるので，別の計算法が使われる．ただし，n 次の第 2 種 Bessel 関数 $Y_n(x)$ については，$Y_0(x)$ と $Y_1(x)$ の値を最良近似式で計算し，漸化式を用いて高次の $Y_n(x)$ を求めている．第 2 種変形 Bessel 関数 $K_n(x)$ についても同様である．$J_n(x)$ については，$J_0(x)$ と $J_1(x)$ より，漸化式を用いて高次の $J_n(x)$ を求めることは桁落ちが生ずるのでできない（$I_n(x)$ についても同様である）．しかし，漸化式を逆向きに用いて，$J_n(x)$ あるいは $I_n(x)$ を計算することができる強力な方法がある．これは **Miller の方法 (Miller algorithm)** [16]，あるいは**漸化式を用いる計算法**といわれる．この計算法の簡単な紹介は [18] で行った．2.2 節では，その計算法と誤差解析について説明する．この方法は**精度固定型**であり（必ずしも，フル精度固定型である必要はないが），与えられた n に対して，0 次から n 次までの $n+1$ 個の Bessel 関数を一斉に計算することができる．

また，本章の残りでは，Bessel 関数の値を任意の精度で求めることができる **Deuflhard の方法** [15]（任意精度指定型）について説明する．この方法では，0 次から n（適当に指定した非負の整数）次までの重みつき和を計算することができる．

2.2　Miller の方法 〜関数の本性を見抜いた珠玉の計算法〜

2.2.1　$J_n(x)$ の計算法

m を適当に選ばれた正の偶整数とし，α を小さな任意定数とする．

$$F_{m+1}(x) = 0, \quad F_m(x) = \alpha \tag{2.1}$$

を初期値として，$J_n(x)$ が満足する漸化式

$$F_{k-1}(x) = (2k/x)F_k(x) - F_{k+1}(x) \tag{2.2}$$

をくり返し使うことにより，$F_{m-1}(x), F_{m-2}(x), \ldots, F_0(x)$ を順次，計算する．そのとき，ある $N(<m)$ に対して，$n = 0, 1, \ldots, N$ についての $J_n(x)$

の計算式

$$J_n(x) \doteqdot F_n(x) \bigg/ \sum_{k=0}^{m/2} \varepsilon_k F_{2k}(x) \qquad (2.3)$$

を得ることができる．ただし，

$$\varepsilon_0 = 1, \quad \varepsilon_k = 2 \ (k=1,2,\ldots) \qquad (2.4)$$

である．n と x を固定したとき，この計算式の精度は m を大きくすると高くなるので，この計算式により $J_n(x)$ の値を能率的に求めるためには，式 (2.1) の m は要求精度を満たす最小の m にすることが必要である．

● 誤差解析

厳密な誤差解析は二宮 [19] により初めてなされた．その後，筆者により，その手法の簡単化と応用が行われた [20, 21]．これには，複雑な式の変形が必要で，高度な「わざ」が駆使されている．興味がある方は，参考文献を読んで理解してほしい．次に，この誤差解析について簡単に説明する．

漸化式 (2.2) の一般解は

$$F_n(x) = \xi J_n(x) + \eta Y_n(x) \qquad (2.5)$$

として表される．ここで，ξ と η は任意定数である．これらの任意定数は式 (2.1) によって決められる．その式から次式が得られる．

$$F_{m+1}(x) = \xi J_{m+1}(x) + \eta Y_{m+1}(x) = 0 \qquad (2.6)$$

$$F_m(x) = \xi J_m(x) + \eta Y_m(x) = \alpha \qquad (2.7)$$

式 (2.5) と (2.6) から η を消去すると次式を得る．

$$F_n(x) = \xi \left(J_n(x) - \frac{J_{m+1}(x) Y_n(x)}{Y_{m+1}(x)} \right) \qquad (2.8)$$

上式と次の関係式

$$\sum_{k=0}^{\infty} \varepsilon_k J_{2k}(x) = 1 \qquad (2.9)$$

2.2 Miller の方法

より,

$$\sum_{k=0}^{m/2} \varepsilon_k \left(\frac{F_{2k}(x)}{\xi} + \frac{J_{m+1}(x)Y_{2k}(x)}{Y_{m+1}(x)} \right) + \sum_{k=m/2+1}^{\infty} \varepsilon_k J_{2k}(x) = 1$$

が得られる. 式 (2.8) と上式から ξ を消去すると次式が求められる.

$$J_n(x) = \frac{F_n(x)}{\displaystyle\sum_{k=0}^{m/2} \varepsilon_k F_{2k}(x)} \left(1 - \Phi_m(x)\right) + \frac{J_{m+1}(x)Y_n(x)}{Y_{m+1}(x)} \quad (2.10)$$

ただし,

$$\Phi_m(x) = \sum_{k=0}^{m/2} \varepsilon_k \frac{J_{m+1}(x)Y_{2k}(x)}{Y_{m+1}(x)} + \sum_{k=m/2+1}^{\infty} \varepsilon_k J_{2k}(x) \quad (2.11)$$

である. 式 (2.10) は $J_n(x)$ の計算式 (2.3) の誤差を的確に表している [20, 21].

式 (2.1) を出発値として, 漸化式 (2.2) をくり返し適用することにより得られた $F_{m-1}(x)$, $F_{m-2}(x)$, ..., $F_0(x)$ を用いて, 式 (2.3) により, 10 進 p 桁の精度で $J_n(x)$ を計算できるためには, 次の二つの不等式

$$|\Phi_m(x)| < 0.5 \times 10^{-p} \quad (2.12)$$

$$|\Theta_{m,n}(x)| < 0.5 \times 10^{-p} \quad (2.13)$$

が成り立てばよい. ここで,

$$\Theta_{m,n}(x) = \frac{J_{m+1}(x)Y_n(x)}{J_n(x)Y_{m+1}(x)}$$

である.

式 (2.11) の $\Phi_m(x)$ を変形すると最終的に次式が得られる (途中の複雑な式変形を書くことを省略する).

$\Phi_m(x)$

$$= \left(\frac{-1}{\pi} \left(\frac{x}{2}\right)^{-m-1} \sum_{k=m/2+1}^{m} \frac{(m-k)!}{k!} \left(\frac{x}{2}\right)^{2k} + \frac{2}{\pi} \log\left(\frac{x}{2}\right) J_{m+1}(x) \right.$$

$$-\frac{1}{\pi}\left(\frac{x}{2}\right)^{m+1}\sum_{k=0}^{\infty}(-1)^{k}\frac{\psi(k+1)+\psi(m+k+2)}{k!(m+k+1)!}\left(\frac{x}{2}\right)^{2k}\Bigg)\Bigg/Y_{m+1}(x) \tag{2.14}$$

ここで,

$$\psi(1) = -\gamma \text{ (Euler の定数)}, \quad \psi(n) = -\gamma + \sum_{k=1}^{n-1}k^{-1}$$

である. 式 (2.14) において, $m \gg x$ ならば, 最も外側の括弧内の第 1 部分の $k = m/2 + 1$ の項が主要項である. したがって, $\Phi_m(x)$ に対する有用な評価式として次式が得られる.

$$\Phi_m(x) \doteqdot \frac{-2x}{m(m+2)\pi Y_{m+1}(x)} \tag{2.15}$$

$m \gg x$ のとき, 固定された x に対して上式の右辺は m の単調減少関数である. 同様に $\Theta_{m,n}(x)$ も, 固定された x と n に対して m の単調減少関数である. 固定された x に対して, 式 (2.12) を満足する最小の m を M とし,

$$|\Theta_{M,n}(x)| < 0.5 \times 10^{-p} \tag{2.16}$$

を満足する非負の n が存在したとき, その最大値を N とする. したがって, 式 (2.3) において m を M としたものにより, $J_n(x)(n = 0, 1, \ldots, N)$ が一斉に 10 進 p 桁の精度で計算できることになる.

$n > N$ である n に対しては, 式 (2.16) は成り立たないので, m の値を M より増さないと 10 進 p 桁の精度では $J_n(x)$ を求めることができない. 与えられた x, M, $N(M > N)$ に対して,

$$\frac{J_{M+\mu}(x)Y_{N+\mu}(x)}{Y_{M+\mu}(x)J_{N+\mu}(x)}$$

は μ の単調減少関数である [19]. したがって, $n > N$ である n に対して, $\mu = n - N$ とするとき,

$$M' = M + \mu = M + n - N \tag{2.17}$$

を m の値とすれば,
$$|\Theta_{M',n}(x)| < 0.5 \times 10^{-p}$$
が成り立つので, 10 進 p 桁の精度で $J_n(x)$ が計算できることになる.

表 2.1 $J_n(x)$ と $I_n(x)$ の計算における M と N

x	$J_n(x)$ $p=4$ M N	$J_n(x)$ $p=10$ M N	$J_n(x)$ $p=16$ M N	$I_n(x)$ $p=4$ M N	$I_n(x)$ $p=10$ M N	$I_n(x)$ $p=16$ M N
1	5　3	10　6	14　9	5　3	10　6	14　9
2	7　5	12　7	17　10	7　5	12　7	17　10
3	9　7	15　10	20　13	8　5	14　9	20　13
4	10　7	17　12	23　15	9　6	16　10	22　14
5	12　9	19　13	25　17	10　7	17　11	24　16
6	13　10	21　15	27　18	11　8	19　13	25　16
7	14　10	22　15	29　20	11　7	20　13	27　18
8	16　12	24　17	31　22	12　8	21　14	28　18
9	17　13	26　19	33　23	13　9	22　15	30　20
10	18　14	27　20	35　25	13　8	23　15	31　20
20	30　25	42　33	51　39	18　12	31　21	41　27
30	42　36	55　45	65　51	22　14	38　26	49　33
40	53　46	67　56	78　62	26　17	43　29	56　38
50	64　57	79　67	91　74	29　19	48　33	62　42
60	75　68	91　78	103　85	31　20	52　35	67　45
70	85　77	102　88	116　98	34　22	56　38	72　49
80	96　87	114　100	128　109	36　23	60　41	77　52
90	106　97	125　110	140　120	38　24	63　42	82　56
100	117　108	136　121	151　130	41　27	66　44	86　59
110	127　117	147　131	163　142	43　28	70　48	90　62
120	138　128	158　141	174　152	44　28	73　50	94　64
130	148　137	169　152	186　163	46　30	76　52	97　66
140	159　148	180　163	197　174	48　31	78　52	101　69
150	169　158	191　173	208　184	50　33	81　55	104　71
160	179　167	202　184	220　196	51　33	84　57	108　74
170	190　179	213　195	231　206	53　34	86　58	111　76
180	200　188	224　205	242　217	54　34	89　60	114　78
190	210　198	234　215	253　227	56　36	91　61	117　80
200	221　209	245　225	264　238	57　36	93　63	120　82

ここで, $x = 1, 2, 3, \ldots, 10, 20, 30, \ldots, 100, 110, 120, \ldots, 200$ に対して, $p = 4, 10, 16$ とした場合の M と N を求めることにする. $\Phi_m(x)$ を評価式 (2.15) で置き換えた式 (2.12), すなわち,

$$\left|\frac{-2x}{m(m+2)\pi Y_{m+1}(x)}\right| < 0.5 \times 10^{-p}$$

を満足する最小の m すなわち M と，$|\Theta_{M,n}(x)| < 0.5 \times 10^{-p}$ を満足する最大の n すなわち N を求めた結果を表 2.1 の $J_n(x)$ の欄に示す．

● $J_n(x)(n = 0, 1, \ldots, n_{\max})$ の値を求めるプログラム

ここでは，適当な整数 $n_{\max}$ が与えられたとき，10 進 16 桁の精度で，$J_n(x)$ $(n = 0, 1, \ldots, n_{\max})$ の値を一斉に求める C 言語のプログラム（フル精度固定型）を Program 2.1 に示す．ただし，$0 < x \leq 200$ である．このプログラムでは，無駄な計算を省くために，M と N の値は数表で与えているが，x の区間を適当に分割し，それぞれの区間で M あるいは N を x の 1 次の近似式で与えてもよい．for(i=m-1;i>=1;i-=2) のくり返し部分では，能率的な計算のために，if 文がない形で書かれていて，これも「わざ」の一つといえる．なお，ここに示したものは基本的な計算部分のみ記述した参考プログラムである（x が範囲外のときのエラー処理，オーバーフローやアンダーフロー回避対策をしていない）．近々，NetNUMPAC に，本書に掲載したプログラムを登録する予定である [22]．

── **Program 2.1** $J_n(x)(n = 0, 1, \ldots, n_{\max})$ の計算の参考プログラム ──

```
#include <math.h>
main()
{
   double x,bj[50];
   void dbjnv(double,int,double *);
   int n,nmax;
   x=10.0;
   nmax=5;
   dbjnv(x,nmax,bj);
   printf("x=%e\n",x);
   for(n=0;n<=nmax;++n)
      printf("n=%3d   Jn(x)=%22.15e\n",n,bj[n]);
}
void dbjnv(double x,int nmax,double *bj)
{
   static int mtab[201]={0,
    14, 17, 20, 23, 25, 27, 29, 31, 33, 35, 36, 38, 40, 41, 43,
```

2.2 Miller の方法

```
       45, 46, 48, 49, 51, 52, 54, 55, 56, 58, 59, 61, 62, 63, 65,
       66, 68, 69, 70, 72, 73, 74, 76, 77, 78, 80, 81, 82, 83, 85,
       86, 87, 88, 90, 91, 92, 94, 95, 96, 97, 99,100,101,102,103,
      105,106,107,108,110,111,112,113,114,116,117,118,119,121,122,
      123,124,125,126,128,129,130,131,132,134,135,136,137,138,140,
      141,142,143,144,145,147,148,149,150,151,152,154,155,156,157,
      158,159,161,162,163,164,165,166,167,169,170,171,172,173,174,
      175,177,178,179,180,181,182,183,185,186,187,188,189,190,191,
      193,194,195,196,197,198,199,200,202,203,204,205,206,207,208,
      209,211,212,213,214,215,216,217,218,220,221,222,223,224,225,
      226,227,229,230,231,232,233,234,235,236,237,239,240,241,242,
      243,244,245,246,247,249,250,251,252,253,254,255,256,257,259,
      260,261,262,263,264};
    static int ntab[201]={0,
        9, 10, 13, 15, 17, 18, 20, 22, 23, 25, 26, 27, 29, 30, 32,
       33, 34, 36, 37, 39, 39, 41, 42, 43, 45, 45, 47, 48, 49, 51,
       52, 54, 54, 55, 57, 58, 59, 61, 62, 62, 65, 65, 66, 67, 69,
       70, 71, 71, 74, 74, 75, 77, 78, 79, 80, 82, 83, 84, 84, 85,
       87, 88, 89, 90, 92, 93, 94, 95, 95, 98, 98, 99,100,102,103,
      104,105,106,107,109,110,110,111,112,114,115,116,117,118,120,
      121,122,123,124,124,127,127,128,129,130,131,133,134,135,136,
      137,138,140,141,142,142,143,144,145,147,148,149,150,151,152,
      153,155,156,157,158,158,159,160,162,163,164,165,166,167,168,
      170,171,172,173,174,175,176,176,179,180,180,181,182,183,184,
      185,187,188,189,190,191,192,193,194,196,197,198,199,199,200,
      201,202,204,205,206,207,208,209,210,211,212,214,215,216,217,
      218,219,219,220,221,224,224,225,226,227,228,229,230,231,233,
      234,235,236,237,238};
    static double wbj[264];
    double t1,t2,t3,s,rxh;
    int mx,nx,m,n,mn,i;
    mx=ceil(x);
    nx=x;
    m=mtab[mx];
    n=ntab[nx];
    t3=s=0.0;
    t2=1.0e-300;
    rxh=2.0/x;
```

```
if(nmax>n){
    mn=nmax+m-n;
    m+=m%2;
    for(i=mn;i>=m;--i){
        t1=(double)(i+1)*rxh*t2-t3;
        if(i<=nmax)
            bj[i]=t1;
        t3=t2;
        t2=t1;
    }
}
else
    m+=m%2;
for(i=m-1;i>=1;i-=2){
    t1=(double)(i+1)*rxh*t2-t3;
    wbj[i]=t1;
    t3=(double)i*rxh*t1-t2;
    wbj[i-1]=t3;
    s+=t2;
    t2=t3;
    t3=t1;
}
s+=s+t2;
if(m>nmax)
    for(i=0;i<=nmax;++i)
        bj[i]=wbj[i]/s;
else {
    for(i=0;i<=m-1;++i)
        bj[i]=wbj[i]/s;
    for(i=m;i<=nmax;++i)
        bj[i]/=s;
}
}
```

2.2.2 $I_n(x)$ の計算法

m を適当に選ばれた正の整数とし，α を小さな任意定数とする．

$$G_{m+1}(x) = 0, \quad G_m(x) = \alpha \tag{2.18}$$

を初期値として，$I_n(x)$ が満足する漸化式

$$G_{k-1}(x) = (2k/x)G_k(x) + G_{k+1}(x) \tag{2.19}$$

をくり返し使うことにより，$G_{m-1}(x), G_{m-2}(x), \ldots, G_0(x)$ を順次，計算する．そのとき，ある $N(<m)$ に対して，$n = 0, 1, \ldots, N$ についての $I_n(x)$ の計算式

$$I_n(x) \doteqdot e^x G_n(x) \Big/ \sum_{k=0}^{m} \varepsilon_k G_k(x) \tag{2.20}$$

を得ることができる．ただし，ε_k は式 (2.4) で与えられるものである．$J_n(x)$ の場合と同様に，この計算式により $I_n(x)$ の値を能率的に求めるためには，式 (2.18) の m は要求精度を満たす最小の m にすることが必要である．

● 誤差解析

$I_n(x)$ および $\overline{K}_n(x) = (-1)^n K_n(x)$ は漸化式 (2.19) を満足する．逆に，この漸化式の一般解は

$$G_n(x) = \xi I_n(x) + \eta \overline{K}_n(x) \tag{2.21}$$

として表される．ここで，ξ と η は任意定数である．$J_n(x)$ の場合と同様にして，式 (2.9) の代わりに，次の関係式

$$\sum_{k=0}^{\infty} \varepsilon_k I_k(x) = e^x$$

を用いることにより，次式を得ることができる．

$$I_n(x) = \frac{e^x G_n(x)}{\displaystyle\sum_{k=0}^{m/2} \varepsilon_k G_k(x)} \bigl(1 - \Phi_m(x)\bigr) + \frac{I_{m+1}(x)\overline{K}_n(x)}{\overline{K}_{m+1}(x)} \tag{2.22}$$

ただし,

$$\Phi_m(x) = e^x \left(\sum_{k=0}^{m} \varepsilon_k \frac{I_{m+1}(x)\overline{K}_k(x)}{\overline{K}_{m+1}(x)} + \sum_{k=m+1}^{\infty} \varepsilon_k I_k(x) \right) \qquad (2.23)$$

である.式 (2.22) は $I_n(x)$ の計算式 (2.20) の誤差を見通しよく表している.

式 (2.18) を出発値として,漸化式 (2.19) をくり返し適用することにより得られた $G_{m-1}(x)$, $G_{m-2}(x)$, ..., $G_0(x)$ を用いて,式 (2.20) により,10 進 p 桁の精度で $I_n(x)$ を計算できるためには,次の二つの不等式

$$|\Phi_m(x)| < 0.5 \times 10^{-p} \qquad (2.24)$$

$$|\Theta_{m,n}(x)| < 0.5 \times 10^{-p} \qquad (2.25)$$

が成り立てばよい.ここで,

$$\Theta_{m,n}(x) = \frac{I_{m+1}(x)\overline{K}_n(x)}{I_n(x)\overline{K}_{m+1}(x)}$$

である.式 (2.23) の $\Phi_m(x)$ を変形すると最終的に次式が得られる.

$$\Phi_m(x)$$
$$= \left(\left(\frac{x}{2}\right)^{-m-1} \sum_{k=m+1}^{2m+1} \frac{(2m-k+1)!(m-k+1)!}{k!(2m-2k+2)!} \left(\frac{x}{2}\right)^k \right.$$
$$+ (-1)^m \log(2x) e^x I_{m+1}(x) + (-1)^m \left(\frac{x}{2}\right)^{m+1} \sum_{k=0}^{\infty} \frac{(2m+2k+1)!}{k!(2m+k+2)!(m+k)!}$$
$$\left. \left(\psi\left(m+\frac{3}{2}+k\right) - \psi(k+1) - \psi(2m+k+3)\right) \left(\frac{x}{2}\right)^k \right) \Big/ \{e^x K_{m+1}(x)\}$$

上式において,$m \gg x$ ならば,最も外側の括弧内の第 1 部分の $k = m+1$ の項が主要項である.したがって,$\Phi_m(x)$ に対する有用な評価式として次式が得られる.

$$\Phi_m(x) \doteqdot \frac{1}{(m+1)e^x K_{m+1}(x)} \qquad (2.26)$$

$J_n(x)$ の場合と同様に,M と N さらに M' を定義する (式 (2.12), (2.13), (2.17) と同じ式を用いて).$\Phi_m(x)$ を評価式 (2.26) で置き換えた式 (2.24) を

2.2 Miller の方法

満足する最小の m すなわち M と,$|\Theta_{M,n}(x)| < 0.5 \times 10^{-p}$ を満足する最大の n すなわち N を表 2.1(27 ページ)の $I_n(x)$ の欄に示す.

● $I_n(x)(n = 0, 1, \ldots, n_{\max})$ の値を求めるプログラム

ここでは,$n_{\max}$ を与えたとき,10 進 16 桁の精度で,$I_n(x)$ $(n = 0, 1, \ldots, n_{\max})$ の値を一斉に求める C 言語の参考プログラム(フル精度固定型)を Program 2.2 に示す.ただし,$0 < x \leq 200$ とする.

—— **Program 2.2** $I_n(x)(n = 0, 1, \ldots, n_{\max})$ の計算プログラム ——

```
#include <math.h>
void dbinv(double x,int nmax,double *bi)
{
 static int mtab[201]={0,
  14, 17, 20, 22, 24, 25, 27, 28, 30, 31, 32, 33, 34, 35, 36,
  37, 38, 39, 40, 41, 42, 43, 44, 45, 45, 46, 47, 48, 48, 49,
  50, 51, 51, 52, 53, 53, 54, 55, 55, 56, 57, 57, 58, 58, 59,
  60, 60, 61, 61, 62, 63, 63, 64, 64, 65, 65, 66, 66, 67, 67,
  68, 68, 69, 69, 70, 70, 71, 71, 72, 72, 73, 73, 74, 74, 75,
  75, 76, 76, 77, 77, 78, 78, 78, 79, 79, 80, 80, 81, 81, 82,
  82, 82, 83, 83, 84, 84, 85, 85, 85, 86, 86, 87, 87, 87, 88,
  88, 89, 89, 89, 90, 90, 91, 91, 91, 92, 92, 92, 93, 93, 94,
  94, 94, 95, 95, 95, 96, 96, 97, 97, 97, 98, 98, 98, 99, 99,
  99,100,100,100,101,101,102,102,102,103,103,103,104,104,104,
 105,105,105,106,106,106,107,107,107,108,108,108,109,109,109,
 109,110,110,110,111,111,111,112,112,112,113,113,113,114,114,
 114,115,115,115,115,116,116,116,117,117,117,118,118,118,118,
 119,119,119,120,120};
 static int ntab[201]={0,
   9, 10, 13, 14, 16, 16, 18, 18, 20, 20, 21, 22, 22, 23, 24,
  24, 25, 26, 27, 27, 28, 29, 30, 30, 30, 31, 32, 32, 32, 33,
  34, 35, 34, 35, 36, 36, 36, 37, 37, 38, 39, 38, 39, 39, 40,
  41, 40, 41, 41, 42, 43, 43, 44, 43, 44, 44, 45, 45, 46, 45,
  46, 46, 47, 47, 48, 47, 48, 48, 49, 49, 50, 49, 50, 50, 51,
  51, 52, 52, 53, 52, 53, 53, 53, 54, 54, 55, 54, 55, 55, 56,
  56, 56, 57, 56, 57, 57, 58, 58, 58, 59, 58, 60, 59, 59, 60,
  60, 61, 61, 60, 62, 61, 62, 62, 62, 63, 63, 62, 64, 63, 64,
```

```
        64, 64, 65, 65, 64, 66, 65, 67, 66, 66, 67, 67, 67, 68, 68,
        67, 68, 68, 68, 69, 69, 70, 70, 69, 71, 70, 70, 71, 71, 71,
        72, 72, 72, 73, 72, 72, 73, 73, 73, 74, 74, 74, 75, 75, 74,
        74, 75, 75, 75, 76, 76, 76, 77, 76, 76, 77, 77, 77, 78, 78,
        78, 79, 79, 78, 78, 79, 79, 79, 80, 80, 80, 81, 81, 81, 80,
        82, 81, 81, 82, 82};
static double wbi[264];
double t1,t2,t3,s,rxh,ex;
int mx,nx,m,n,mn,i;
mx=ceil(x);
nx=x;
m=mtab[mx];
n=ntab[nx];
t3=s=0.0;
t2=1.0e-300;
rxh=2.0/x;
if(nmax>n){
    mn=nmax+m-n;
    for(i=mn;i>=m+1;--i){
        t1=(double)i*rxh*t2+t3;
        if(i-1<=nmax)
            bi[i-1]=t1;
        t3=t2;
        t2=t1;
    }
}
for(i=m;i>=1;--i){
    t1=(double)i*rxh*t2+t3;
    wbi[i-1]=t1;
    s+=t2;
    t3=t2;
    t2=t1;
}
s+=s+t1;
ex=exp(x);
if(m>nmax)
    for(i=0;i<=nmax;++i)
        bi[i]=wbi[i]/s*ex;
```

```
else {
   for(i=0;i<m;++i)
      bi[i]=wbi[i]/s*ex;
   for(i=m;i<=nmax;++i)
      bi[i]*=ex/s;
 }
}
```

2.3　Deuflhard の方法 〜任意精度はコストがかかる〜

2.2 節では，それぞれ $J_n(x)$ および $I_n(x)$ を 16 桁の精度（したがって，フル精度固定型）で計算するプログラムを示した．それらのプログラムは 0 次から $n_{\max}$ 次までの $n_{\max}+1$ 個の関数値を求めるものであるが，ある一つの次数の関数値だけを求めるものに改造することは容易である．また，関数値の要求精度が 16 桁より十分に低い場合，たとえば，6 桁の精度（6 桁精度固定型）でよい場合には，プログラム中の数表の mtab と ntab は，その精度用の mtab と ntab に変更しなければならない．

さて，ここでは，3 項漸化式

$$a_k(x)T_k + b_k(x)T_{k+1} + c_k(x)T_{k+2} = 0$$

の最小解 $\{P_k\}$（$\{P_k\}$ と線形独立である $\{Q_k\}$ に対して，$\lim_{k\to\infty} P_k/Q_k = 0$ であるもの）について，重み d_k $(k=0,1,\ldots,n)$ つきの和

$$s_n = \sum_{k=0}^{n} d_k P_k \tag{2.27}$$

を任意の精度で求めることができる **Deuflhard の方法** [15] を説明することにする．$m\,(>n)$ を適当な整数とする．

3 項漸化式に対する Miller の方法は次の $m+1$ 元の連立 1 次方程式を解くことと同じである．

$$a_k(x)P_k + b_k(x)P_{k+1} + c_k(x)P_{k+2} = 0 \quad (k=0,1,\ldots,m-2)$$
$$a_{m-1}(x)P_{m-1} + b_{m-1}(x)P_m = 0$$

$$\sum_{k=0}^{m} \epsilon_k P_k = \gamma \tag{2.28}$$

以下で，正方行列とベクトルは $m+1$ 次とする．上の連立 1 次方程式は

$$M\boldsymbol{p} = \boldsymbol{r} \tag{2.29}$$

と書くことができる．ここで，

$$M = \begin{pmatrix} a_0 & b_0 & c_0 & & & \\ & \ddots & \ddots & \ddots & & \\ & & a_{m-2} & b_{m-2} & c_{m-2} & \\ & & & a_{m-1} & b_{m-1} & \\ \epsilon_0 & \cdots & \cdots & \cdots & \epsilon_m \end{pmatrix}, \quad \boldsymbol{p} = \begin{pmatrix} P_0 \\ \vdots \\ \vdots \\ \vdots \\ P_m \end{pmatrix}, \quad \boldsymbol{r} = \begin{pmatrix} 0 \\ \vdots \\ \vdots \\ 0 \\ \gamma \end{pmatrix}$$

である．$\boldsymbol{d}$ を

$$\boldsymbol{d} = (d_0, d_1, \ldots, d_n, 0, \ldots, 0)^T$$

とする．そのとき，

$$M^T \boldsymbol{u} = \boldsymbol{d} \tag{2.30}$$

とおいて，$\boldsymbol{u} = (u_0, u_1, \ldots, u_m)^T$ を定義する．式 (2.27) より，s_n は

$$s_n = \boldsymbol{d}^T \boldsymbol{p} = \boldsymbol{d}^T M^{-1} \boldsymbol{r} = (M^{-T} \boldsymbol{d})^T \boldsymbol{r} = \boldsymbol{u}^T \boldsymbol{r} = \gamma u_m \tag{2.31}$$

と表されるので，u_m を求めればよい．式 (2.30) を解くために，M^T を LU 分解する．

$$M^T = LU \tag{2.32}$$

ここで，

$$L = \begin{pmatrix} a_0 & & & & \\ b_0 & \ddots & & & \\ c_0 & \ddots & a_{m-2} & & \\ & \ddots & b_{m-2} & a_{m-1} & \\ & & c_{m-2} & b_{m-1} & a_m \end{pmatrix}, \quad U = \begin{pmatrix} 1 & & & & f_0 \\ & \ddots & & & \vdots \\ & & \ddots & & \vdots \\ & & & 1 & \vdots \\ & & & & f_m \end{pmatrix}$$

2.3 Deuflhard の方法

である．$\boldsymbol{f} = (f_0, f_1, \ldots, f_m)^T$ とおき，式 (2.32) の M^T の m 列に注目すると，

$$L\boldsymbol{f} = \boldsymbol{\epsilon} \tag{2.33}$$

が成り立つことがわかる．ただし，$\boldsymbol{\epsilon} = (\epsilon_0, \epsilon_1, \ldots, \epsilon_m)^T$ である．上式を解くと，$f_0, f_1, \ldots, f_m$ が求められる．

次式

$$\boldsymbol{e} = U\boldsymbol{u} \tag{2.34}$$

のように，$\boldsymbol{e} = (e_0, e_1, \ldots, e_m)^T$ を定義すると，上式より，

$$e_m = f_m u_m \tag{2.35}$$

が得られる．

$$L\boldsymbol{e} = \boldsymbol{d} \tag{2.36}$$

を解いて e_m を求めれば，式 (2.35) より u_m を決めることができる．したがって，s_n の近似値 $s_n^{(m)}$ を求めるアルゴリズムは，式 (2.33), (2.36) と式 (2.31) より次のようになる．

$$f_{-1} = 0, \quad f_0 = \frac{\epsilon_0}{a_0}, \quad e_{-1} = 0, \quad e_0 = \frac{d_0}{a_0}$$

$$(\text{for } k = 1, 2, \ldots, m)\{$$

$$f_k = (\epsilon_k - b_{k-1}f_{k-1} - c_{k-2}f_{k-2})/a_k$$

$$e_k = (d_k - b_{k-1}e_{k-1} - c_{k-2}e_{k-2})/a_k$$

$$\}$$

$$s_n^{(m)} = \gamma \frac{e_m}{f_m} \tag{2.37}$$

上のアルゴリズムにおいて，1 回の反復で二つの漸化式の計算が必要であることに注意しよう．また，上述の行列とベクトルは $m+1$ 次であるが，次元を一つ増やすには，上のアルゴリズムで，そのまま k のくり返しをもう 1 回追加すればよい．したがって，e_k/f_k が所要の精度内に収束するまで，k のくり返しを行えばよいことになる．

2.3.1 任意精度で $\sum_{k=0}^{n} d_k J_k(x)$ を求める計算法

Deuflhard の方法を Bessel 関数の計算に適用することにより,

$$s_n = \sum_{k=0}^{n} d_k J_k(x) \qquad (2.38)$$

を求めることができる. ここで,

$$d_k = 0 \ (k = 0, 1, \ldots, n-1), \quad d_n = 1$$

とすれば, $J_n(x)$ の値を任意精度で求めることもできる. 前述したように, Deuflhard の方法は, 1 回のくり返しでは二つの漸化式を計算する必要がある. したがって, この方法は, 任意精度で関数値を求めることができるという長所をもっているが, 同じ精度では, 2.2.1 項の方法の約 2 倍の時間がかかるという欠点をもっている. 次にそのアルゴリズムを示す.

$$f_{-1} = 0, \ f_0 = 1, \ e_1 = 0, \ e_0 = d_0$$
$$(k = 1, 2, \ldots) \ \{$$
$$\quad \text{if}\,(k\, \text{が奇数}) \quad \{f_k = \frac{2k}{x} f_{k-1} - f_{k-2}\}$$
$$\quad \text{else} \quad \{f_k = 2 + \frac{2k}{x} f_{k-1} - f_{k-2}\}$$
$$\quad e_k = d_k + \frac{2k}{x} e_{k-1} - e_{k-2}$$
$$\quad v_k = \frac{e_k}{f_k}$$
$$\}\ (v_k\, \text{が要求精度で収束するまでくり返す})$$

文献 [15] には, 3 項漸化式の最小解を求めるとき, オーバーフローを避けるためのアルゴリズムが書かれている. 次に, それを Bessel 関数の計算用に書き直してプログラム (任意精度指定型) にしたものを示す. このプログラムでは, d の配列の大きさは $n+1$ 以上にする必要があることに注意しよう.

2.3 Deuflhard の方法

Program 2.3 $\sum_{k=0}^{n} d_k J_k(x)$ の計算プログラム

```c
#include <math.h>
main()
{
    double bjndhs(double,int,double *,double),x,d[11],eps,v;
    int n,i;
    x=5.0;
    n=10;
    for(i=0;i<=n-1;++i)
        d[i]=0.0;
    d[n]=1.0;
    eps=1.0e-6;
    v=bjndhs(x,n,d,eps);
    printf("n=%d x=%f v=%12.5e\n",n,x,v);
}
double bjndhs(double x,int n,double *d,double eps)
{
    double p,q,u,du,c,m,rxh;
    int k;
    rxh=2.0/x;
    k=1;
    q=du=0.0;
    p=1.0;
    u=d[0];
    do{
        c=q;
        if((k&1)==0){
            m=p+p;
            du=c*du-m*u;
            q=m+(double)k*rxh-c;
        }
        else{
            du*=c;
            q=(double)k*rxh-c;
        }
        if(k<=n)
```

```
            du+=p*d[k];
        du/=q;
        u+=du;
        q=1.0/q;
        p*=q;
        ++k;
    }while(k<=n||fabs(du)>fabs(u)*eps);
    return u;
}
```

2.3.2 任意精度で $\sum_{k=0}^{n} d_k I_k(x)$ を求める計算法

紙面の都合で，ここでは，

$$s_n = \sum_{k=0}^{n} d_k I_k(x) \tag{2.39}$$

を求めるプログラム（任意精度指定型）のみを示すことにする．

—— **Program 2.4** $\sum_{k=0}^{n} d_k I_k(x)$ の計算プログラム ——

```
double bindhs(double x,int n,double *d,double eps)
{
    double p,q,u,du,c,m,rxh;
    int k;
    rxh=2.0/x;
    k=1;
    q=du=0.0;
    p=1.0;
    u=d[0];
    do{
        c=-q;
        m=p+p;
        du=c*du-m*u;
        q=m+(double)k*rxh-c;
        if(k<=n)
            du+=p*d[k];
```

```
        du/=q;
        u+=du;
        q=1.0/q;
        p*=q;
        ++k;
    }while(k<=n||fabs(du)>fabs(u)*eps);
    return exp(x)*u;
}
```

2.4 まとめ

　Bessel 関数 $J_n(x)$ と $I_n(x)$ の計算法として，Miller の方法（漸化式を用いる方法）と Deuflhard の方法を述べ，それらのプログラムを示した．これらの関数について，Miller の方法を適用した NUMPAC[22] と SSLII[17] の FORTRAN プログラムは，指定した一つの次数の関数値を計算し出力するものである．それに対して，本章で示した Miller の方法の C 言語プログラムは，n_{max} を適当に与えたとき，倍精度のフル精度固定型で，$n = 0, 1, \ldots, n_{max}$ の Bessel 関数 $J_n(x)$，あるいは $I_n(x)$ の値を一斉に計算し出力するものである．

　Deuflhard の方法は任意精度指定型であるという特長をもっているが，Miller の方法と比べて，同じ精度では計算時間が約 2 倍かかるのが欠点である．

　このように，Bessel 関数の計算法にはいろいろなものがあるが，解くべき問題に対して，相応しいものを使うことが肝要である．

第3章
数列の収束の加速法
~補外は必然性の洞察~

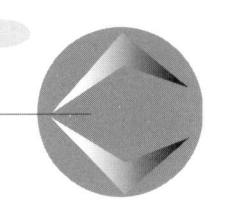

本章の目的

　数値計算では反復的解法が広く用いられる．この反復法では，収束する近似列が次々と構成される．近似列の収束が大変遅いと計算量が非常に大きくなる．そこで収束の速さを高めるためにさまざまな工夫が考案されてきた．

　本章では，いろいろなタイプの数列（や級数）の収束を加速する（あるいは発散級数の anti-limit を求める）ための各種変換法（補外法ともいう）と，それを計算機上で実現する高速アルゴリズムを紹介する．

　　　　　An important problem that arises in many
　　　　scientific and engineering applications is that of
　　　　　approximating limits of infinite sequences.
　　　These limits can be approximated economically and with
　　　high accuracy by applying suitable extrapolation methods.
　　　　　　　　　　　　— Avram Sidi(2003) —

3.1 加速とは 〜補外,極限を引き寄せる〜

3.1.1 収束の遅い数列とその加速の具体例

収束の大変遅い次の交代級数の部分和

$$A_n = \sum_{m=1}^{n} \frac{(-1)^{m+1}}{2m-1} \to \frac{\pi}{4} = 0.78539816339743\cdots \quad (n \to \infty) \quad (3.1)$$

に Levin の t 変換 [33]（後述）を適用すると,表 3.1 からわかるように $n = 6$ で 12 桁の精度の近似を得る.あるいは Levin の u 変換を適用して $n = 10$ で 10 桁の精度の近似を得る [49]. ところが,6 項の和 A_6 の精度は 1 桁しかない.このように収束の遅い数列や級数に対し,ある変換（補外法）をほど

表 3.1 交代級数の部分和 (3.1) に Levin の t 変換を適用

n	A_n	Levin の t 変換
1	1.0	
2	0.666666	0.7857
3	0.866666	0.785395
4	0.723809	0.785398170
5	0.834920	0.785398163396
6	0.744011	0.7853981633973

こし**収束速度を高める**ことを**加速**と呼ぶ.加速は数列に対して適用される.級数に対しては,部分和の列に加速を適用する.

一方,$\log(1+x)$ に対する Taylor 展開の部分和

$$A_n = -\sum_{m=1}^{n} \frac{(-x)^m}{m} \to ? \quad \log 3 = 1.098612288668\cdots \quad (n \to \infty) \quad (3.2)$$

で,$x = 2$ のときは表 3.2 からわかるように値が振動しながら発散する.これに Levin の t 変換 [33] を適用すると,**反極限** (anti-limit)[41, p.4] に急速に収束する.すなわち,**加速法は収束領域の拡張もする**.

表 3.2 発散級数の部分和 (3.2) に Levin の t 変換を適用

n	A_n	Levin の t 変換
1	2.0	
2	0.0	**1.**103448
3	2.66666	**1.09**854227
4	-1.33333	**1.0986**1283
5	5.06666	**1.0986122**878
6	-5.60000	**1.09861228**862

3.1.2 収束が遅いあるいは発散する各種数列と級数

収束が遅いあるいは発散する代表的な数列 $\{S_n\}$ と級数を説明する．一般に $\lim_{n\to\infty}(S_{n+1}-S)/(S_n-S)=\zeta$ と表したとき，$0<|\zeta|<1$ なら線形列，$\zeta=1$ なら対数列である．たとえば，対数列，線形列および階乗列は以下のように表される．

対数列：$S_n \sim S + \sum_{i=0}^{\infty} b_i n^{\gamma-i}, \quad n \to \infty; \quad b_0 \neq 0, \gamma \neq 0, 1, 2, \ldots$

S は，$\Re\gamma<0$ なら S_n の極限，そうでないなら反極限である．

線形列：$S_n \sim S + \zeta^n \sum_{i=0}^{\infty} b_i n^{\gamma-i}, \quad n \to \infty; \quad b_0 \neq 0, \zeta \neq 1$

S は，$|\zeta|<1$ あるいは $|\zeta|=1$ で $\Re\gamma<0$ なら S_n の極限，そうでないなら反極限である．

階乗列：$S_n \sim S + \zeta^n/(n!)^r \sum_{i=0}^{\infty} b_i n^{\gamma-i}, \quad n \to \infty; \quad b_0 \neq 0, r = 1, 2, \ldots$

S は，常に S_n の極限である．

級数 $S = \sum_{i=0}^{\infty} a_i$ の場合は部分和 $S_n = \sum_{i=0}^{n} a_i$ を考える．$a_{n+1} = \Delta S_n$ である．ここで，差分は $\Delta S_n = S_{n+1} - S_n$，一般に $\Delta^{k+1} S_n = \Delta(\Delta^k S_n)$ $(k = 0, 1, \ldots)$ とおく．ただし，$\Delta^0 S_n = S_n$ とおく．**交代級数**は $a_{n+1}/a_n < 0$ である．たとえば $a_n = (-1)^n/n$．一方，$a_{n+1}/a_n \to \zeta$ $(n \to \infty)$ のとき，$|\zeta|<1$ なら**線形収束級数**（たとえば $a_n = (0.9)^n + (-0.8)^n$），$\zeta=1$ の場合は**対数収束級数**（たとえば $a_n = 1/n^2$）である．部分列 S_n の漸近展開は次のようになる [40]．

対数級数：$S_n \sim S + n a_{n+1} \sum_{i=0}^{\infty} \beta_i n^{-i}, \quad n \to \infty; \quad \beta_0 \neq 0$

線形級数：$S_n \sim S + a_{n+1} \sum_{i=0}^{\infty} \beta_i n^{-i}, \quad n \to \infty; \quad \beta_0 \neq 0$

階乗級数：$S_n \sim S + a_{n+1}\left(-1 + \sum_{i=r}^{\infty} \beta_i n^{-i}\right)$, $n \to \infty$; $\beta_r \neq 0$

3.1.3 加速法の原理と簡単な例（Aitken の Δ^2 法）

与えられた数列 $\{S_n\}$ が

$$S_n = S + a_n D_n \tag{3.3}$$

と表されるとする [24]．ここで，$\{D_n\}$ は既知の数列（S_n に対する残差推定，誤差推定）とする．$\{a_n\}$ は未知の数列，S は未知の値とする．数列 $\{a_n\}$ に対する線形消滅演算子（annihilation operator，具体的には差分演算子など）L を定義する．すなわち，任意の非負整数 n に対し $L(a_n) = 0$. すると (3.3) から

$$0 = L(a_n) = L(S_n/D_n) - S\,L(1/D_n)$$

となり，これより S を求め，変換列 T_n とおく．

$$T_n = \frac{L(S_n/D_n)}{L(1/D_n)} \tag{3.4}$$

上記の手続きが加速のための変換法の一般形である．

簡単な例（Aitken の Δ^2 法）を示す．$\lambda \neq 1$ として，数列 S_n が

$$S_n = S + a\lambda^n, \quad n = 0, 1, \ldots \tag{3.5}$$

と表されると仮定する．ここで，S, a, λ は未知の定数である．もし，$|\lambda| < 1$ なら $n \to \infty$ で S_n は S に収束する．$|\lambda|$ が 1 に大変近い（たとえば $\lambda = 0.999$）なら数列 S_n の収束は非常に遅い．(3.5) より $\Delta S_n = a\lambda^n(\lambda - 1)$. したがって，

$$1/(\lambda - 1) = S_n/\Delta S_n - S/\Delta S_n$$

すなわち，$0 = \Delta(S_n/\Delta S_n) - S\,\Delta(1/\Delta S_n)$. これから S を求め $T_n^{(1)}$ とおくと

$$T_n^{(1)} = \frac{\Delta(S_n/\Delta S_n)}{\Delta(1/\Delta S_n)} = \frac{S_{n+1}/\Delta S_{n+1} - S_n/\Delta S_n}{1/\Delta S_{n+1} - 1/\Delta S_n} = S_n - \frac{(\Delta S_n)^2}{\Delta^2 S_n}$$

と表される（Aitken[†1]の Δ^2 法）．

一方，$|\lambda| > 1$ なら数列 S_n は発散するが，上の方式ならやはり S を求めることになる（anti-limit，反極限）．

3.1.4 漸近展開と Romberg 積分

上記 (3.3) における $a_n D_n$ は一般に誤差の漸近展開である．加速法の研究の初期の典型的な例が，以下に述べる台形則に対する漸近展開（Euler-Maclaurin 公式）を利用した（Richardson 補外に基づく）Romberg 積分である．

有限区間積分

$$I(f) = \int_a^b f(x)\,dx \tag{3.6}$$

に対する台形則 $T(h; f)$

$$T(h; f) = h\left(\frac{f(a)+f(b)}{2} + \sum_{k=1}^{n-1} f(a+kh)\right), \quad h = \frac{b-a}{n} \tag{3.7}$$

の収束は遅い．これを加速する手順を示す．

定理 3.1（Euler-Maclaurin 展開） $T(h; f)$ が (3.7) で与えられるとする．整数 $K \geq 1$ に対し $f \in C^{2K+1}[a,b]$ とする．すると

$$T(h;f) = I(f) + a_1 h^2 + a_2 h^4 + \cdots + a_K h^{2K} + O(h^{2K+1}), \quad h \to 0 \tag{3.8}$$

ここで，$I(f)$ は積分 (3.6) である．さらに

$$a_k = \frac{B_{2k}}{(2k)!}\left(f^{(2k-1)}(b) - f^{(2k-1)}(a)\right), \quad k = 1, 2, \ldots, K$$

B_{2k} は Bernoulli 数である．

さて $h_0 = b - a$ とおき，$A_{m,0} = T(h_0/2^m; f)$ $(m = 0, 1, \ldots)$ とおく．$A_{m,k}$ を次の漸化式（Richardson 補外の特別な場合）で計算する．

$$A_{m,k} = A_{m,k-1} + \frac{A_{m,k-1} - A_{m-1,k-1}}{4^k - 1}, \quad 1 \leq k \leq m \tag{3.9}$$

[†1] Alexander Craig Aitken(1895-1967)：New Zealand の Dunedin 生．英国 Scotland の Edinburgh 大学で Whittaker の後任を務めた．研究分野は統計学，数値解析，代数学にわたる．生涯衰えない強力な記憶力の持ち主であり，音楽愛好家でもあった．

すると

$$A_{m,k} = I(f) + a_{k+1}^{(k)} \left(\frac{h_0}{2^m}\right)^{2k+2} + a_{k+2}^{(k)} \left(\frac{h_0}{2^m}\right)^{2k+4} + \cdots, \quad m \to \infty$$

$\{A_{m,k}\}$ ($0 \leq k \leq m$) の中で対角成分 $A_{m,m}$ が $I(f)$ に対する最もよい近似を与える．$A_{m,1}$ は Simpson 則と一致する．

積分区間の端点に代数的および対数的特異性をもつ関数 $f(x)$ の有限積分に対する Euler-Maclaurin 展開が Sidi[42] により最近発表された．

3.1.5　Richardson 補外

積分の台形則に対する漸近展開 (3.8) に基づく Romberg 積分法を一般化した Richardson 補外と，その拡張である Bulirsch と Stoer による有理関数補外 [45] を説明する．漸近展開 (3.8) を一般化して

$$A(h) = A + \sum_{k=1}^{s} a_k h^{\sigma_k} + O(h^{\sigma_{s+1}}), \quad h \to 0 \tag{3.10}$$

と仮定する．ここで，$\sigma_k \neq 0$ ($k = 1, 2, \ldots, s+1$)，$\Re\sigma_1 < \Re\sigma_2 < \cdots < \Re\sigma_{s+1}$，さらに a_k は h に依存しない定数とする．$\lim_{h \to 0+} A(h)$ が存在するとは必ずしも仮定しない．存在するなら A は極限であり，そうでないなら反極限である．存在しないなら $\Re\sigma_k < 0$ （少なくとも $k = 1$ に対して）である．さて，定数 $\omega \in (0, 1)$ と $y_0 \in (0, b]$ を選び，$\lim_{m \to \infty} y_m = 0$ となる減少列 $\{y_m\}_{m=0}^{\infty}$ を $y_m = y_0 \omega^m$ により生成する．次の連立方程式を介して Richardson 補外を定義する．

$$A(y_l) = A_n^{(j)} + \sum_{k=1}^{n} \alpha_k y_l^{\sigma_k}, \quad j \leq l \leq j + n \tag{3.11}$$

ここで，α_k と $A_n^{(j)}$ は未知である．$A_n^{(j)}$ は次の漸化式により計算される．

$A_0^{(j)} = A(y_j)$, $j = 0, 1, 2, \ldots$ とおく．

$$A_n^{(j)} = \frac{A_{n-1}^{(j+1)} - \omega^{\sigma_n} A_{n-1}^{(j)}}{1 - \omega^{\sigma_n}}, \quad j = 0, 1, \ldots, \; n = 1, 2, \ldots$$

すると，$A_n^{(j)} - A = O(y_j^{\sigma_{n+1}})$．

多項式補外

特に，(3.11) で $\sigma_k = rk$ と仮定する．$t = y^r$ とおく．(3.11) の $A(y)$ を $a(t)$ とおく．$p_{n,j}(t)$ を点 t_l ($j \leq l \leq j+n$) で $a(t)$ を補間する高々 n 次の多項式とすれば，$A_n^{(j)} = p_{n,j}(0)$ である．この補間式は次の Neville-Aitken のアルゴリズム [45, p.40] で計算される．

$$p_{n,j}(t) = \frac{(t - t_{j+n})p_{n-1,j}(t) - (t - t_j)p_{n-1,j+1}(t)}{t_j - t_{j+n}}, \quad p_{0,j}(t) = a(t_j)$$

ここで $t = 0$ とおけば，$A_n^{(j)}$ を求めるアルゴリズム [26] が得られる．

$A_0^{(j)} = a(t_j)$, $j = 0, 1, \ldots$ とおく．

$j = 0, 1, \ldots$, $n = 1, 2, \ldots$ に対し，以下を計算する．

$$A_n^{(j)} = \frac{t_j A_{n-1}^{(j+1)} - t_{j+n} A_{n-1}^{(j)}}{t_j - t_{j+n}} = A_{n-1}^{(j+1)} + \frac{A_{n-1}^{(j+1)} - A_{n-1}^{(j)}}{t_j/t_{j+n} - 1}$$

有理式補外

多項式 $p_{n,j}(t)$ の代わりに有理式 $q_{n,j}(t)$ で補間する方法を Bulirsch と Stoer[26] が提案している．分子と分母の次数をそれぞれ $\lfloor n/2 \rfloor$ と $\lfloor (n+1)/2 \rfloor$ とする．ここで $\lfloor a \rfloor$ は a を越えない最大の整数を表す．条件 $q_{n,j}(t_l) = a(t_l)$ ($j \leq l \leq j+n$) を満足するように補間し $q_{n,j}(0)$ を求める．$T_n^{(j)} = q_{n,j}(0)$ とおくと，次のアルゴリズムで計算される．

$T_{-1}^{(j)} = 0$, $T_0^{(j)} = a(t_j)$, $j = 0, 1, \ldots$ とおく．

$j = 0, 1, \ldots$ と $n = 1, 2, \ldots$ に対し以下を計算する．

$$T_n^{(j)} = T_{n-1}^{(j+1)} + (T_{n-1}^{(j+1)} - T_{n-1}^{(j)})/F_n^{(j)}$$

ここで $F_n^{(j)}$ は以下で定義する．

$$F_n^{(j)} = \frac{t_j}{t_{j+n}}\left(1 - \frac{T_{n-1}^{(j+1)} - T_{n-1}^{(j)}}{T_{n-1}^{(j+1)} - T_{n-2}^{(j+1)}}\right) - 1$$

$F_n^{(j)} = t_j/t_{j+n} - 1$ とおけば上記の多項式補外と一致する．

3.1.6 変換が加速法であるとは

与えられた数列 $S_1, S_2, \ldots$ に対し変換 T_n が

$$T_n = \sum_{i=0}^{\nu_n} b_{ni} S_i \qquad ただし \qquad \sum_{i=0}^{\nu_n} b_{ni} = 1 \qquad (3.12)$$

で表されるとする．ここで，ν_n は正の有限整数である．b_{ni} が S_j に無関係なら変換 T_n は線形変換である．S_j に関係すれば変換 T_n は非線形変換である．前述の Aitken の Δ^2 変換は非線型変換の例である．なぜなら

$$T_n = S_n - (\Delta S_n)^2/\Delta^2 S_n = b_{n,n} S_n + b_{n,n+1} S_{n+1}$$

ここで $b_{n,n} = \Delta S_{n+1}/\Delta^2 S_n$, $b_{n,n+1} = -\Delta S_n/\Delta^2 S_n$ と表されるからである．

ある定数 S に対し $\lim_{n\to\infty} T_n = S$ とする．もし $\lim_{n\to\infty} S_n$ が存在すれば，この極限値は S に一致する．さて，

$$\lim_{n \to \infty} \frac{T_n - S}{S_n - S} = 0$$

のとき，$\lim_{n\to\infty} S_n$ が存在するか否かにかかわらず $\{T_n\}$ は $\{S_n\}$ より速く**収束する**という [41]．

すべての収束する数列 $\{S_n\}$ を加速する万能な変換 T_n は存在しないことが知られている [25, 27]．そこで，数列のタイプごとに個別に加速法を工夫することが必要になる．

本章ではいろいろなタイプの数列に対し，各種の効果的な加速法（変換法）を説明する．さらに，加速法の重要な応用（主に数値積分，振動無限積分）についても述べる．本章で扱う数列はスカラーの数列のみである．ベクトル列の加速は大変重要な話題であり応用範囲が広いが，紙面の制約上その記述を省略する．

3.2 いろいろな数列とその加速法（変換法）〜適材適所〜

3.2.1 Euler 変換は線形変換

線形変換（総和法）の種類は少なくその効果も限定的である．代表的な変換は Euler 変換であり，交代級数の加速に利用される [46], [36, p.50]．ここでは，Euler-Knopp 変換 [41, p.279] を示す．

さて，前進演算子 E を定義する：$Ea_k = a_{k+1}$．すると無限和 $\sum_{k=0}^{\infty} a_k$ は形式的に次のように表される．

$$\begin{aligned}\sum_{k=0}^{\infty} a_k &= \sum_{k=0}^{\infty} E^k a_0 = (1-E)^{-1} a_0 = \frac{1}{1+q}\left(1 - \frac{q+E}{1+q}\right)^{-1} a_0 \\ &= \sum_{k=0}^{\infty} \frac{(q+E)^k}{(1+q)^{k+1}} a_0 = \sum_{k=0}^{\infty} \frac{1}{(1+q)^{k+1}} \sum_{j=0}^{k} \binom{k}{j} q^{k-j} a_j\end{aligned}$$

ここで，$q=1$ とおくと Euler 変換が得られる．上式において，最左辺が収束の遅い交代級数であっても最右辺は急速に減少する級数和であり，その少数の有限和でよい近似となる．さらに，上記のように初項から変換するのではなく，$\sum_{k=0}^{m} a_k + \sum_{k=m+1}^{\infty} a_k$ のように数項を残し，残りの無限和を変換する適応型 Euler 変換も提案されている [46]．

3.2.2 Shanks 変換と ε アルゴリズム

非線型変換はいろいろあるが，それを効率的に計算するアルゴリズムの構築は一般に容易でない．ここではまず，Aitken の Δ^2 法の一般型である Shanks の e 変換と，その巧みな計算法である Wynn の ε アルゴリズムを述べる．

Shanks 変換

$\lambda_k \neq 1$（すべての k に対し）とし，$|\lambda_1| \geq |\lambda_2| \geq \cdots \geq |\lambda_n|$ とする．Aitken の場合の (3.5) を拡張して，数列 S_r が

$$S_r = S + \sum_{k=1}^{n} \alpha_k \lambda_k^r, \quad r = 0, 1, \ldots \tag{3.13}$$

と表されると仮定する．ここで，$2n+1$ 個の未知パラメータ S, α_k, λ_k ($k=1,\ldots,n$) の内で S のみを求めたい．さて，j を任意の非負整数とする．上の式で $r=j, j+1, \ldots, j+2n$ とおき，得られる連立方程式を解けばよい．ところで，$P(\lambda) = \sum_{i=0}^{n} w_i \lambda^i$ ($w_0 \neq 0$, $w_n \neq 0$, $\sum_{i=0}^{n} w_i = 1$ とする）を，その零点が λ_k である多項式とする．すると，(3.13) より

$$\sum_{i=0}^{n} w_i (S_{r+i} - S) = \sum_{k=1}^{n} \alpha_k \lambda_k^r P(\lambda_k) = 0$$

一方，$S_{r+i} = S_r + \sum_{j=0}^{i-1} \Delta S_{r+j}$ であるから

$$S = \sum_{i=0}^{n} w_i S_{r+i} = S_r + \sum_{i=1}^{n} \Delta S_{r+i-1} \sum_{j=i}^{n} w_j, \quad r = j, j+1, \ldots, j+n$$

が得られる．S を $e_n(S_j)$ とおきかえ，$\beta_i = -\sum_{j=i}^{n} w_j$ とおけば，結局 Shanks 変換は次の連立方程式を介して定義される．

$$S_r = e_n(S_j) + \sum_{i=1}^{n} \beta_i \Delta S_{r+i-1}, \quad r = j, j+1, \ldots, j+n \tag{3.14}$$

Cramer の公式により連立方程式 (3.14) を解き $e_n(S_j)$ を求める．まず，行列式 $|u_1(j)\, u_2(j) \cdots u_p(j)|$ を

$$|u_1(j)\, u_2(j) \cdots u_p(j)| = \begin{vmatrix} u_1(j) & u_2(j) & \cdots & u_p(j) \\ u_1(j+1) & u_2(j+1) & \cdots & u_p(j+1) \\ \vdots & \vdots & & \vdots \\ u_1(j+p-1) & u_2(j+p-1) & \cdots & u_p(j+p-1) \end{vmatrix} \tag{3.15}$$

で定義する．(3.14) を解いて

$$e_n(S_j) = \frac{|u_1(j) \cdots u_n(j)\, a(j)|}{|u_1(j) \cdots u_n(j)\, I(j)|} = \frac{|v_1(j) \cdots v_{n+1}(j)|}{|g_1(j) \cdots g_n(j)|} \tag{3.16}$$

ここで，$a(j) = S_j$, $u_k(j) = \Delta S_{k+j-1}$, $I(j) = [1,1,\ldots,1]^T$, さらに，$v_k(j) = S_{k+j-1}$, $g_k(j) = \Delta^2 S_{k+j-1}$ とおく．(3.16) において $n=1$ とおけば，$e_1(S_j)$ は 3.1.3 項で述べた Aitken の Δ^2 法である．

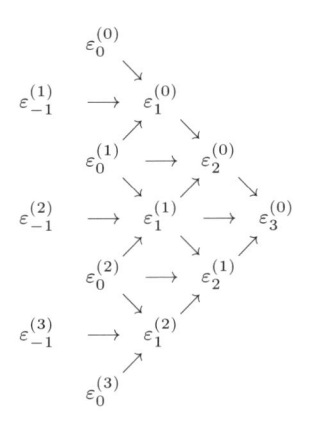

3.2 いろいろな数列とその加速法（変換法）　　53

図 3.1 ε アルゴリズムの計算過程

ε アルゴリズム

(3.16) に現れる行列式は計算に大変手間がかかる．これを効率的に反復計算する手順が Wynn の ε アルゴリズムである．

アルゴリズム 3.1（ε アルゴリズム）　数列 $\{S_j\}$ に対し，$\varepsilon_{-1}^{(j)}=0, \varepsilon_0^{(j)}=S_j$ $(j \geq 0)$ とおき，

$$\varepsilon_{k+1}^{(j)} = \varepsilon_{k-1}^{(j+1)} + (\varepsilon_k^{(j+1)} - \varepsilon_k^{(j)})^{-1}, \quad j,k \geq 0 \tag{3.17}$$

を計算すると，$e_n(S_j) = \varepsilon_{2n}^{(j)}$, $\varepsilon_{2n+1}^{(j)} = 1/e_n(\Delta S_j)$ である．

興味のある値は $\varepsilon_{2k}^{(j)}$ である．2 通りの数列 $\{\varepsilon_{2k}^{(j)}\}_{j=0}^{\infty}$ と $\{\varepsilon_{2k}^{(j)}\}_{k=0}^{\infty}$ がある．(3.17) の詳しい証明は Brezinski[23, p.37] にある．図 3.1 に従い (3.17) を計算する際，2 次元配列を用いないで 2 本の 1 次元配列（$\varepsilon_{2k+1}^{(j)}$ に $P(j)$，$\varepsilon_{2k}^{(j)}$ に $Q(j)$）で十分である．

計算 (3.17) で数値的不安定が発生することがある．収束に近いと $\varepsilon_{2k}^{(j)}$ と $\varepsilon_{2k}^{(j+1)}$ が近く，したがって (3.17) の分母が小さい値となる．そこで $\varepsilon_{2k+1}^{(j)}$ が大変大きな値となる．この値が次の計算で分母に使われるとき，二つの大きな値の差で桁落ちが発生する．

数値例 3.1　線形収束級数 [44, Table7.1] $\sum_{n=0}^{\infty}(n+1)(0.8)^n = 25$ に ε アルゴリズムを適用して得られた $\varepsilon_{2k}^{(j)}(k=0,1,\ldots, j=0,1,\ldots)$ を表 3.3 に

表 3.3 $\sum_{n=1}^{\infty} n(0.8)^{n-1}$ に対する $\varepsilon_{2k}^{(j)}$ の誤差

2.4×10^1	3.2×10^1	1.0×10^{-12}	9.0×10^0	1.1×10^{-12}
2.2×10^1	5.1×10^1	1.8×10^1	4.3×10^{-13}	6.4×10^{-14}
2.0×10^1	4.5×10^{15}	8.5×10^{-14}	4.3×10^{-14}	
1.8×10^1	3.3×10^1	4.3×10^{-13}	6.4×10^{-14}	
1.6×10^1	1.3×10^1	1.1×10^{-12}		
1.4×10^1	7.0×10^0	2.2×10^{-12}		
1.3×10^1	4.2×10^0			
1.1×10^1	2.7×10^0			
9.4×10^0				
8.1×10^0				

示す．第 $j+1$ 行第 $k+1$ 列に誤差 $|25 - \varepsilon_{2k}^{(j)}|$ を示す．第 1 列の $j+1$ 行目は $|25 - \sum_{n=1}^{j} n(0.8)^n|$ である．

3.2.3 Levin 変換

Levin の t 変換，u 変換，v 変換を示す [32, 33]．数列 S_r が連立方程式

$$S_r = \mathcal{L}_n^{(j)} + \omega_r \sum_{i=0}^{n-1} \frac{\beta_i}{r^i}, \quad j \leq r \leq j+n \tag{3.18}$$

を介して定義されると仮定する．ここで ω_r は既知とする．(3.18) より

$$r^{n-1} S_r / \omega_r = r^{n-1} \mathcal{L}_n^{(j)} / \omega_r + \sum_{i=0}^{n-1} \beta_{n-1-i} r^i$$

差分演算子 $\Delta^n r^i = 0 \ (0 \leq i \leq n-1)$ であることに注意すれば，Levin 変換は次式で表される．

$$\mathcal{L}_n^{(j)} = \frac{\Delta^n (j^{n-1} S_j / \omega_j)}{\Delta^n (j^{n-1} / \omega_j)} \tag{3.19}$$

$\omega_r = \Delta S_{r-1}$, $\omega_r = r\Delta S_{r-1}$, および $\omega_r = \Delta S_{r-1} \Delta S_r / \Delta^2 S_{r-1}$ とおくと，それぞれ t 変換，u 変換と v 変換である．t 変換と u 変換はそれぞれ，交代級数と対数収束級数を意識して作成された．

Levin の u 変換を効率的に計算するアルゴリズム HURRY が [28] にある[†2]．

[†2] http://www.netlib.org/toms/602 から Fortran のプログラムをダウンロードできる．

この手順を簡単に述べる．2つの2次元配列 P_{nj} と Q_{nj} を以下の漸化式で計算すると，$\mathcal{L}_n^{(j)} = P_{nj}/Q_{nj}$ となる．数列 $\{\mathcal{L}_n^{(j)}\}_{n=0}^{\infty}$ を利用する．

アルゴリズム 3.2（Levin の u 変換のアルゴリズム [28]） $j = 1, 2, \ldots$ に対し，$P_{0,j} = S_j/(j^2 \omega_j)$，$Q_{0,j} = 1/(j^2 \omega_j)$ とおく．

$$P_{nj} = P_{n-1,j+1} - \frac{j}{K}\left(\frac{K-1}{K}\right)^{n-1} P_{n-1,j}$$

にしたがって P_{nj} を計算する．ここで $K = j + n$．全く同様な漸化式で Q_{nj} を計算する．

数値例 3.2 下の対数収束列に Levin の u 変換 [33] を適用すると，10項 $\mathcal{L}_9^{(1)}$ 使用して有効約10桁の精度が得られる．

$$S_n = \sum_{m=1}^{n} \frac{1}{m^2} \to \frac{\pi^2}{6} = 1.64493406684823\cdots \qquad (n \to \infty)$$

3.2.4 一般化 Richardson 補外 (GREP) と W アルゴリズム

Sidi の一般化 Richardson 補外とその計算法（W アルゴリズム）を述べる [41, p.81, p.158]．数列 $\{y_l\}$ は減少数列で，$\lim_{l \to \infty} y_l = 0$ とする．与えられた関数 $\phi_k(y)$ に対して，与えられた数列 $\{A(y_l)\}$ が次の連立方程式を介して定義されるとする．

$$A(y_l) = A_n^{(m,j)} + \sum_{k=1}^{m} \phi_k(y_l) \sum_{i=0}^{n_k-1} \beta_{ki} y_l^{ir_k}, \quad j \leq l \leq j + N \qquad (3.20)$$

ここで，$N = \sum_{k=1}^{m} n_k$，$n \equiv (n_1, n_2, \ldots, n_m)$ とおく．もし総和記号の上限 $n_k - 1$ が下限 1 より小さいときは総和を無視するものとする．β_{ki} と $A_n^{(m,j)}$ は未知である．ここで，$A_n^{(m,j)}$ が一般化 Richardson 補外 (GREP$^{(m)}$) である．

簡単のため (3.20) において，$m = 1$ とおいた次式 (GREP$^{(1)}$) を考える．

$$a(t_l) = A_n^{(j)} + \phi(t_l) \sum_{i=0}^{n-1} \beta_i t_l^i, \quad j \leq l \leq j + n \qquad (3.21)$$

関数 $g(t)$ の差分商 $g[t_j, t_{j+1}, \ldots, t_{j+n}]$ を $D_n^{(j)}[g(t)]$ とおく．一般に $n-1$ 次以下の多項式 $g(t)$ に対して，n 階差分商 $D_n^{(j)}[g(t)] = 0$ である．(3.21) にお

いて，$(a(t) - A_n^{(j)})/\phi(t)$ は $n-1$ 次の多項式である．そこで次の関係が得られる．

$$A_n^{(j)} = \frac{D_n^{(j)}[a(t)/\phi(t)]}{D_n^{(j)}[1/\phi(t)]} \tag{3.22}$$

$A_n^{(j)}$ を能率的に計算する W アルゴリズムを以下に述べる．

アルゴリズム 3.3（W アルゴリズム） $j = 0, 1, \ldots$ に対し，

$$M_0^{(j)} = a(t_j)/\phi(t_j), \qquad N_0^{(j)} = 1/\phi(t_j)$$

とおく．$j = 0, 1, \ldots$，$n = 1, 2, \ldots$ に対し，次式で $M_n^{(j)}$ を再帰的に計算する．

$$M_n^{(j)} = \frac{M_{n-1}^{(j+1)} - M_{n-1}^{(j)}}{t_{j+n} - t_j} \tag{3.23}$$

$N_n^{(j)}$ も全く同様な漸化式で計算すると，$A_n^{(j)} = M_n^{(j)}/N_n^{(j)}$．

注意：差分商 $D_n^{(j)}[a(t)/\phi(t)]$ に対する漸化式が (3.23) である．一般に j を固定した数列 $\{A_n^{(j)}\}_{n=0}^{\infty}$ が良好な収束の振る舞いを示す．

(3.20) で与えられる $A_n^{(m,j)}$（$\text{GREP}^{(m)}$）に対する計算手順 $W^{(m)}$ アルゴリズム [29] は複雑であるので記述を省略する．

$\text{GREP}^{(m)}$ の例は，次節以下で述べる無限級数や数列に対する d 変換，無限積分に対する D 変換，無限振動積分に対する W 変換などである．

3.2.5 d 変換

$\text{GREP}^{(m)}$ の 1 種である d 変換 [34] により収束の遅い無限級数

$$S(\{a_i\}) = \sum_{i=0}^{\infty} a_i$$

を加速する方法を述べる．まず，d 変換を適用するために必要な a_i あるいは S_n に対する仮定を述べる前に，関数族を定義する．

定義 3.1 関数 $\alpha(x)$ が大きな $x > 0$ で無限回微分可能で以下の漸近展開をもち，その微分も項別微分で得られる漸近展開をもつとする．このとき $\alpha(x)$ は $A^{(\gamma)}$ に属するという [34]．

$$\alpha(x) \sim x^{\gamma} \sum_{i=0}^{\infty} \alpha_i / x^i, \quad x \to \infty$$

3.2 いろいろな数列とその加速法（変換法） 57

もし $\alpha_0 \neq 0$ なら，$\alpha(x)$ は厳密に $A^{(\gamma)}$ に属するという．

仮定 3.1 数列 $\{a_n\}$ が次の m 次線形差分方程式を満足するとする．

$$a_n = \sum_{k=1}^{m} p_k(n) \Delta^k a_n \tag{3.24}$$

ここで，$p_k \in A^{(k)}$ であり，ある整数 $i_k \leq k$ に対し厳密に $p_k \in A^{(i_k)}$ とする．

関係式

$$\Delta^k a_n = (E-1)^k a_n = \sum_{i=0}^{k} (-1)^{k-i} \binom{k}{i} a_{n+i},$$

$$a_{n+i} = (\Delta+1)^i a_n = \sum_{k=0}^{i} \binom{i}{k} \Delta^k a_n$$

を利用すれば，差分方程式 (3.24) を次のように漸化式で表すこともできる．

$$a_{n+m} = \sum_{i=0}^{m-1} u_i(n) a_{n+i}, \quad u_i \in A^{(\nu_i)}$$

たとえば，$a_n = (B \cos n\theta + C \sin n\theta)/n$ なら，$a_n = p_1(n)\Delta a_n + p_2(n)\Delta^2 a_n$，ここで，$p_1(n) = (\xi n + \xi - 1)/(\xi(n+1)) \in A^{(0)}$, $p_2(n) = (n+2)/(2\xi(n+1)) \in A^{(0)}$, ただし，$\xi = \cos\theta - 1 \neq 0$.

$A_n = \sum_{i=0}^{n} a_i$ とおく．$1 \leq R_0 < R_1 < \cdots$ である整数列 $\{R_l\}_{l=0}^{\infty}$ を選ぶ．$n \equiv (n_1, \ldots, n_m)$ とおく．ここで $n_1, \ldots, n_m$ は非負整数とする．$S(\{a_i\})$ への近似 $d_n^{(m,j)}$ を次の連立方程式を介して定義する．

$$A_{R_l} = d_n^{(m,j)} + \sum_{k=1}^{m} R_l^k (\Delta^{k-1} a_{R_l}) \sum_{i=0}^{n_k-1} \frac{b_{ki}}{(R_l + \alpha)^i}, \quad j \leq i \leq j+N \tag{3.25}$$

ここで，$N = \sum_{k=1}^{m} n_k$. N 個の b_{ki} は未知の値である．この $d_n^{(m,j)}$ を生ずる GREP を $d^{(m)}$ 変換，あるいは簡単に d 変換という．d 変換は前節の $W^{(m)}$ アルゴリズムで能率的に計算される．

(3.25) には決定するべきいろいろなパラメータがある．α の値は $\alpha > -R_0$ を満足するように自由に決めてよい．一般に $\alpha = 0$ と選んでよい．R_l の選

び方はいろいろある．たとえば，(1) $R_l = l$, $l \geq 0$, (2) $R_l = sl$, $l \geq 0$, s は正の整数，(3) $R_0 = 0$, $R_{l+1} = \lfloor \sigma R_l \rfloor + 1$, $l \geq 0$, $\sigma > 1$. 交代級数には (1) を，冪級数，三角級数，Legendre 級数，Bessel 級数には (2) で $s \geq 2$ とおく．単調級数には (3) を選択するとよい．

数値例 3.3 次の収束の遅い対数収束級数

$$\sum_{i=0}^{\infty} \left(\frac{1}{(i+1)^{3/2}} + \frac{1}{(i+1)^2} \right) = \zeta(2/3) + \zeta(2) = 4.257309415533\cdots$$

の始めから 107 項に対し，$W^{(2)}$ アルゴリズムを使用すると有効 11 桁の精度が得られる [29]．ここで，$\zeta(z)$ は Riemann の ζ 関数である．ただし，(3.25) において $R_0 = 0$, $R_{l+1} = \lfloor 1.3 R_l \rfloor + 1$ ($l \geq 0$) とおいた．

3.3 加速法の応用，無限積分 〜漸近展開〜

無限区間振動積分

$$I(f;\omega) = \int_d^{\infty} \sin(\omega x) f(x)\, dx \tag{3.26}$$

を効率的に近似するために加速法が広く利用される．特に無限振動積分の近似を通常の積分則単独で求めることは困難である．加速法を組み込むことが大変有益である．

3.3.1 無限積分（D 変換）

区間 $[0, \infty)$ 上での無限積分

$$I[f] = \int_0^{\infty} f(t)\, dt = \lim_{x \to \infty} F(x), \quad F(x) = \int_0^x f(t) dt \tag{3.27}$$

を通常の積分則（$F(x)$ に適用）と加速法（D 変換）を組み合わせて近似する方法を述べる．区間 $[a, \infty)$ 上の積分は $f(t)$ の代わりに $f(t+a)$ を代入すればよい．一般に $t \to \infty$ に対し $f(t)$ の収束が遅いので，$F(x)$ の $I[f]$ への収束も大変遅い．

3.3 加速法の応用，無限積分

仮定 3.2 $f(x)$ が大きな x に対して以下の線形微分方程式を満足するとする．

$$f(x) = \sum_{k=1}^{m} p_k(x) f^{(k)}(x) \qquad (3.28)$$

ここで，$p_k(x) \in A^{(k)}$ であり，$i_k < k$ に対して厳密に $A^{(i_k)}$ に属するとする．ただし，$A^{(k)}$ は定義 3.1 で与えられる関数族である．

たとえば，n 次第 1 種 Bessel 関数 $J_n(x)$ は次の微分方程式を満足する．

$$J_n(x) = p_1(x) J_n'(x) + p_2(x) J_n''(x)$$

ここで，$p_1(x) = x/(n^2 - x^2) \in A^{(-1)}$, $p_2(x) = x^2/(n^2 - x^2) \in A^{(0)}$.

式 (3.28) において，さらに
$\lim_{x \to \infty} p_k^{(i-1)}(x) f^{(k-i)}(x) = 0$, $(k = i, i+1, \ldots, m, \; i = 1, 2, \ldots, m)$
と仮定すると，次の漸近展開が成り立つ．

$$\int_x^\infty f(t)\, dt \sim \sum_{k=0}^{m-1} f^{(k)}(x)\, x^{j_k} \left(\beta_{k,0} + \frac{\beta_{k,1}}{x} + \frac{\beta_{k,2}}{x^2} + \cdots \right), \quad x \to \infty$$

ここで，$j_k \leq \max(i_{k+1}, i_{k+2} - 1, \ldots, i_m - m + k + 1)$, $(k = 0, 1, \ldots, m-1)$.
Bessel 関数 $J_3(t)$ の場合 [34] のように漸近展開が有限となることもある．

$$\int_x^\infty J_3(t)\, dt = J_3(x) \left(\frac{1}{x} + \frac{24}{x^3} \right) + J_3'(x) \left(1 + \frac{8}{x^2} \right) \qquad (3.29)$$

さて，$\lim_{l \to \infty} x_l = \infty$ となる正の増大数列 $\{x_l\}$ を選ぶ．非負整数 $n_1, \ldots, n_m$ に対し $n \equiv (n_1, n_2, \ldots, n_m)$ とおく．積分 (3.27) $I[f]$ の近似 $D_n^{(m,j)}$ を次の連立方程式を介して定義する．

$$F(x_l) = D_n^{(m,j)} + \sum_{k=1}^{m} x_l^k f^{(k-1)}(x_l) \sum_{i=0}^{n_k - 1} \frac{b_{ki}}{(x_l + \alpha)^i}, \quad j \leq l \leq j + N \qquad (3.30)$$

ここで，$N = \sum_{k=1}^{m} n_k$. パラメータ $\alpha > -x_0$ は自由に選んでよい．N 個の b_{ki} は未知数である．この $D_n^{(m,j)}$ を求める一般 Richardson 補外 (GREP$^{(m)}$) を特に $D^{(m)}$ 変換，あるいは簡略に D 変換という．

ここで，多くのパラメータを必要とする．$\alpha = 0$ と選んでよい．m の値がわからないなら大きめに選ぶほうがよい．式 (3.29) の Bessel 関数 $J_3(x)$ の場合は $m = 2$ である．点列 x_l の選び方は重要である．たとえば $x_l = \xi + (l-1)\tau$ ($\xi > 0$, $\tau > 0$)．関数の微分 $f^{(k-1)}(x)$ も必要である．区間 $[0, x]$ 上の積分 $F(x)$ は適当な積分則で近似する．これらが得られたら，$W^{(m)}$ アルゴリズムで $D_n^{(m,j)}$ が計算される．特に $m = 1$ なら W アルゴリズムが利用できる．

3.3.2 無限振動積分（mW 変換）

振動積分

$$Q(\omega) = \int_d^\infty e^{i\omega t} g(\omega t) f(t)\, dt \tag{3.31}$$

を加速（特に Sidi の修正 W 変換 [39]）を利用して近似する方法を述べる [30, 31]．ここで，$g(t)$ は複素関数で十分大きな t に対し無限回微分可能かつ $t \to \infty$ で振動しない関数とし，$f(t)$ は実数関数とする．たとえば，$e^{it}g(t) = J_\nu(t) + iY_\nu(t)$，ここで $J_\nu(t)$, $Y_\nu(t)$ は ν 次第 1 種 Bessel 関数と第 2 種 Bessel 関数である．Luke[35] によると

$$J_\nu(x) + iY_\nu(x) = e^{ix} \frac{(-1)^\nu - i}{\sqrt{\pi x}} \sum_{n=0}^\infty c_n^{(\nu)} T_n^*\left(\frac{5}{x}\right), \quad x \geq 5, \quad \nu = 0, 1$$

と与えられる．ここで，$T_n^*(x)$ は n 次ずらし Chebyshev 多項式である．1.8 節も参照のこと．

さて，$x_0 = \pi/\omega([\omega d/\pi] + 1)$, $x_l = x_0 + l\pi/\omega$ ($l = 1, 2, \ldots$) とおくと，x_0 は $\sin \omega t$ の d より大きい最初の零点であり，x_l は l 番目の零点である．有限区間積分

$$F(x_l) = \int_d^{x_l} e^{i\omega t} g(\omega t) f(t)\, dt, \quad l = 0, 1, 2, \ldots$$

を積分則で近似する．さらに，$\psi(x_l)$ を

$$\psi(x_l) = F(x_{l+1}) - F(x_l)$$

とおくと，(3.31) の積分 $Q(\omega)$ の近似 $A_n^{(j)}$ は次の連立方程式を解くことによ

り求められる．

$$F(x_l) = A_n^{(j)} + \psi(x_l) \sum_{i=0}^{n-1} \frac{\beta_i}{x_l^i}, \quad j \leq l \leq j+n$$

これはアルゴリズム 3.3 (W アルゴリズム) で計算される．ただし，$a(t_l)$ の代わりに $F(x_l)$ とおく．同様に，$\phi(t_l)$, t_l の代わりにそれぞれ $\psi(x_l)$, $1/x_l$ とおけばよい．

振動積分 (3.26) を上の手順で計算するには (3.31) において $g(t) = 1$ とおき，$\Re Q(\omega)$ を求めればよい．

3.4　その他の加速の話題 〜多士済々〜

最近は大変精力的に新しい加速法が開発されており，ここで述べた加速法の他にも多くの方法がある．各種加速法のなかで，Euler 変換，Aitken の Δ^2 法，Lubkin 変換は歴史的な価値をもつ方法である．

ε アルゴリズムの変形版が Wynn の ρ アルゴリズムで，その一般化 [37, 47] もある．ε アルゴリズムの別の変形が Brezinski の θ アルゴリズムである．そこで計算される 2 次元配列の一部が Lubkin 変換に対応し，Levin の u 変換のなかのある数列でもある．

(3.20) の特別の場合 ($n_k = 1$, $k = 1, \ldots, m$) に $A_n^{(m,j)}$ を計算するアルゴリズムが E アルゴリズムおよび Ford-Sidi(FS) アルゴリズム [29] である．すなわち，これら 2 つのアルゴリズムは $W^{(m)}$ アルゴリズムの一部である．E アルゴリズムと FS アルゴリズムは数学的に等価 (長田 [38]) であるが，計算量では E アルゴリズムが 50% 多い [41, p.65]．計算量が FS よりさらにいくらか改善した方法もある [38]．

Sidi の $\mathcal{S}$ 変換はある種の収束半径零の発散冪級数 (たとえば，理論物理での摂動法，あるいは Euler 級数 $\sum_{k=0}^{\infty} (-1)^k k!/z^k$) に大変有効な方法 [41, p.369] である．

3.5　加速法のプログラム 〜プロの技に頼る〜

NUMPAC[49] から Euler 変換，ε アルゴリズム，ρ アルゴリズム，Levin

の u 変換と t 変換，Brezinski の θ アルゴリズムのプログラムを入手できる．さらに，数列の種類に応じて自動的に適切な手法を選び結果を出すプログラム ACCELD もある．Brezinski らの本 [25] の末尾と添付されたフロッピーディスクにはいろいろな加速法（ここで述べなかった方法も含めて）の Fortran77 プログラムがある．$W^{(m)}$ アルゴリズムを実行する Fortran プログラム WMALGM のリストが [29] にある．

3.6 まとめ 〜経験により眼力を磨く〜

今まで述べた各種変換について利害得失を簡単に述べる．Sidi の $W^{(m)}$ アルゴリズムは適用範囲が大変広く一般的であるが，調節すべきパラメータの数が多く適切に利用するには熟練の技が必要である．Levin 変換はいろいろな数列に便利に利用できる手法である．交代級数には Levin の u 変換が適当である．線形収束列には ε アルゴリズムが適する．対数収束列に最適の手法を見つけることは容易でない．ρ アルゴリズムや Levin の u 変換がよいようである [43].

第4章
大型線形方程式の反復解法
~規模が違えば方法も変わる~

本章の目的

計算機を用いたシミュレーションでは，構造解析やナノマテリアル，気象予想など多くの分野で大規模な線形方程式が現れる．このとき行列の要素がかなりの割合で0となっている場合も多く，このような行列の特徴を利用した解法が必要となる．また，問題によっては方程式の行列の要素が直接与えられておらず，なんらかの線形変換として表現されている場合がある．このような場合には，消去法のように行列の要素を操作するような計算方法は適用できない．本章では，線形方程式の解を反復によって求める方法として，行列とベクトルの積をもとにして近似解の列を生成していく方法である共役勾配法と双共役勾配法を紹介する．また，要素に0を多く含むような行列のデータ表現と，それを用いた演算方法についても説明する．

4.1 疎行列 〜要素に零を多く含む〜

連立一次方程式を Gauss の消去法のような直接法で解くとき，その計算量は行列の次元 n の 3 乗に比例する [74]．これは，次元が 10 倍になると計算量はおよそ 1,000 倍となってしまうことを示している．このような計算時間の増加の見積もりを意識していないと，プログラムのテストのために次元が 100 や 1,000 程度の問題で動作確認をした後，いきなり実際に適用したい大規模な問題で実行をして，いくら待っても計算が終わらないという事態に陥ることになる．また，行列の要素数は次元の 2 乗であり，要素を格納するメモリの必要サイズの増大も問題となる．

実際の大規模な行列では，その多くの要素に 0 を含む場合も多い．このように多くの要素が 0 である行列を**疎行列**という．たとえば，偏微分方程式を差分法で離散化して得られる係数行列は，正方領域で x, y 方向それぞれ 1,000 等分すると，約百万次元となる．このとき非ゼロ要素数はその 5 倍程度である．これに対して 0 でない要素を多く含む場合には**密行列**という．

MatrixMarket[58] では，さまざまな分野で現れる行列のサンプルを集めており，行列のデータを手に入れることができる．たとえば，その中の回路設計で現れる行列 memplus を例にしてその非ゼロ要素の分布を表示してみると図 4.1 のようになっている．図中の黒い線の部分が非ゼロ要素の位置を示しており，ほとんどの要素が 0 となっていることがわかる．行列のサイズは $n = 17{,}758$ であるが，非ゼロ要素数は 126,150 で，n^2 と比べるとはるかに少ない．

疎行列に対して密行列のときと同じように直接法を適用すると，要素の消去の過程でもとは 0 であった場所に新たに値が加わり非ゼロ要素が増加してしまう．たとえば

$$A = \begin{pmatrix} 4 & 1 & 2 & 0.5 & 2 \\ 1 & 0.5 & 0 & 0 & 0 \\ 2 & 0 & 3 & 0 & 0 \\ 0.5 & 0 & 0 & 0.625 & 1.5 \\ 2 & 0 & 0 & 1.5 & 7 \end{pmatrix} \quad (4.1)$$

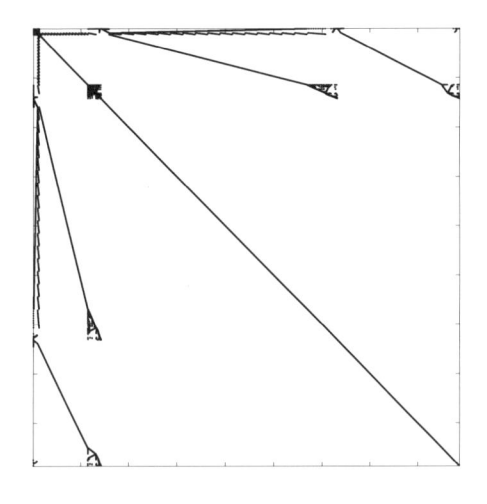

図 4.1　疎行列の非ゼロ要素の分布の例

のとき，$A = LL^\mathrm{T}$ のように Cholesky 分解を行うと L は

$$L = \begin{pmatrix} 2 & 0 & 0 & 0 & 0 \\ 0.5 & 0.5 & 0 & 0 & 0 \\ 1 & -1 & 1 & 0 & 0 \\ 0.25 & -0.25 & -0.5 & 0.5 & 0 \\ 1 & -1 & -2 & 0 & 1 \end{pmatrix}$$

となる．これを見てわかるように，A では 0 であったところに値が入っている．このように 0 であったところに値が入ることを**フィルイン**という．このような非ゼロ要素の増加はそのまま計算量の増加につながり，せっかくもとの行列がその要素に 0 を多く含んでいてもその性質を有効に利用することができない．

　行列の行や列を並べ替えるとフィルインの起こる位置も変わる．行や列を並べ替える操作を**オーダリング**という．要素の依存関係から作成したグラフをもとに，できるだけフィルインが発生しないようにオーダリングを行う minimum degree ordering 法や nested-dissection 法などがある．疎行列向きの直接解法やオーダリングについては，文献 [53], [68] などを参照されたい．

これに対して，適当な初期ベクトルを与えて反復によってベクトルを修正し，方程式の解を求める反復解法がある．本章では，とくに反復法として共役勾配法と双共役勾配法について説明する．これらの方法では，反復の過程で行列とベクトルの積を用いており，そのとき，行列の要素が0でないときだけ計算を行うようにすることで，疎行列の特徴を利用することができる．また，行列の要素の値を変えないため非ゼロ要素が増大することもない．ただし，適用する行列によって反復回数は大きく変化するため注意が必要である．

4.2 共役勾配法 〜探索して最小化〜

連立一次方程式の係数行列が対称で正定値のときに用いられる反復法として，**共役勾配法**（conjugate gradient method，CG法）[56] がある．行列 A が正定値のときには，任意の零でないベクトル $\boldsymbol{x}$ に対して

$$(\boldsymbol{x}, A\boldsymbol{x}) = \boldsymbol{x}^\mathrm{T} A \boldsymbol{x} > 0$$

が成り立つ．$n \times n$ の正定値対称行列 A と，n 次元ベクトル $\boldsymbol{b}$ について，連立一次方程式

$$A\boldsymbol{x} = \boldsymbol{b}$$

の解を $\boldsymbol{x}^*$ とする．共役勾配法は次に示すような関数の最小化から導出される．

関数 $F(\boldsymbol{x})$ を

$$\begin{aligned} F(\boldsymbol{x}) &= \frac{1}{2}(\boldsymbol{x} - \boldsymbol{x}^*, A(\boldsymbol{x} - \boldsymbol{x}^*)) \\ &= \frac{1}{2}(\boldsymbol{x}, A\boldsymbol{x}) - (\boldsymbol{x}, \boldsymbol{b}) + \frac{1}{2}(\boldsymbol{x}^*, A\boldsymbol{x}^*) \end{aligned} \tag{4.2}$$

とおく．行列 A の正定値性から $F(\boldsymbol{x}) \geq 0 = F(\boldsymbol{x}^*)$ となるため，$F(\boldsymbol{x})$ を最小とする $\boldsymbol{x}$ を求めることで，解 $\boldsymbol{x}^*$ を得ることができる．

任意の初期解 $\boldsymbol{x}_0$ から出発して反復を行い，近似解の列を求める．第 k 近似解を $\boldsymbol{x}_k$，修正方向を $\boldsymbol{p}_k$ とし，第 $(k+1)$ 近似解 $\boldsymbol{x}_{k+1}$ は漸化式

$$\boldsymbol{x}_{k+1} = \boldsymbol{x}_k + \alpha_k \boldsymbol{p}_k \tag{4.3}$$

4.2 共役勾配法

によって計算する.第 k 近似解 $\boldsymbol{x}_k$ に対応する残差を $\boldsymbol{r}_k = \boldsymbol{b} - A\boldsymbol{x}_k$ とする.式 (4.2) に (4.3) を代入して展開すると,関数 $F(\boldsymbol{x}_{k+1})$ は

$$\begin{aligned}F(\boldsymbol{x}_{k+1}) &= F(\boldsymbol{x}_k + \alpha_k \boldsymbol{p}_k) \\ &= \frac{1}{2}\alpha_k^2 (\boldsymbol{p}_k, A\boldsymbol{p}_k) - \alpha_k (\boldsymbol{p}_k, \boldsymbol{r}_k) + F(\boldsymbol{x}_k)\end{aligned}$$

と表される.α_k^2 の係数は正であり,関数 $F(\boldsymbol{x}_{k+1})$ が最小になるような α_k を求めると

$$\alpha_k = \frac{(\boldsymbol{p}_k, \boldsymbol{r}_k)}{(\boldsymbol{p}_k, A\boldsymbol{p}_k)} \tag{4.4}$$

となる.また,残差 $\boldsymbol{r}_{k+1}$ は式 (4.3) を用いると,

$$\boldsymbol{r}_{k+1} = \boldsymbol{b} - A\boldsymbol{x}_{k+1} = \boldsymbol{r}_k - \alpha_k A\boldsymbol{p}_k \tag{4.5}$$

と表される.

共役勾配法では修正方向 $\boldsymbol{p}_{k+1}$ は漸化式

$$\boldsymbol{p}_{k+1} = \boldsymbol{r}_{k+1} + \beta_k \boldsymbol{p}_k \tag{4.6}$$

によって計算する.ただし,$\boldsymbol{p}_0 = \boldsymbol{r}_0$ とする.漸化式 (4.6) 中の β_k は,

$$(\boldsymbol{p}_{k+1}, A\boldsymbol{p}_k) = 0$$

を満足するように決めると

$$\beta_k = -\frac{(\boldsymbol{r}_{k+1}, A\boldsymbol{p}_k)}{(\boldsymbol{p}_k, A\boldsymbol{p}_k)} \tag{4.7}$$

となる.

以上のように残差,および修正方向を決定すると,残差は

$$(\boldsymbol{r}_i, \boldsymbol{r}_j) = 0, \quad i \neq j \tag{4.8}$$

を満たし,修正方向は

$$(\boldsymbol{p}_i, A\boldsymbol{p}_j) = 0, \quad i \neq j \tag{4.9}$$

初期解 $\bm{x}_0$ を与える
$\bm{r}_0 = \bm{p}_0 = \bm{b} - A\bm{x}_0$
for $k = 0, 1, \ldots$
$$\alpha_k = \frac{(\bm{r}_k, \bm{r}_k)}{(\bm{p}_k, A\bm{p}_k)}$$
$$\bm{x}_{k+1} = \bm{x}_k + \alpha_k \bm{p}_k$$
$$\bm{r}_{k+1} = \bm{r}_k - \alpha_k A\bm{p}_k$$
$\|\bm{r}_{k+1}\|_2 \leq \varepsilon \|\bm{b}\|_2$ が満たされたら反復を停止する
$$\beta_k = \frac{(\bm{r}_{k+1}, \bm{r}_{k+1})}{(\bm{r}_k, \bm{r}_k)}$$
$$\bm{p}_{k+1} = \bm{r}_{k+1} + \beta_k \bm{p}_k$$
end

図 4.2 共役勾配法のアルゴリズム

を満足する．

式 (4.8), (4.9) の関係を用いると α_k，および β_k はそれぞれ，

$$\alpha_k = \frac{(\bm{r}_k, \bm{r}_k)}{(\bm{p}_k, A\bm{p}_k)},$$
$$\beta_k = \frac{(\bm{r}_{k+1}, \bm{r}_{k+1})}{(\bm{r}_k, \bm{r}_k)}$$

と表すことができる．$\|\bm{r}_{k+1}\|_2^2 = (\bm{r}_{k+1}, \bm{r}_{k+1})$ は反復の過程で残差ベクトルの大きさを調べるために計算するため，その値を漸化式に利用すると内積の回数を節約することができる．

共役勾配法のアルゴリズムは図 4.2 のようになる．反復は適当な小さな値 ε について，$\|\bm{r}_{k+1}\|_2$ が $\|\bm{r}_{k+1}\|_2 \leq \varepsilon \|\bm{b}\|_2$ を満足したら停止する．

共役勾配法の計算で計算量が多いのは行列とベクトルの積の計算である．アルゴリズム中で $A\bm{p}_k$ が何度か現れるが，これは 1 回計算したらベクトルとして保持しておく．したがって，1 回反復ごとに行列とベクトルの積が 1 回現れることになる．A が疎行列で 1 行あたりの非ゼロ要素数が m のとき，その要素が 0 でないときだけ計算を行うような工夫をすると，$A\bm{p}_k$ で現れる

積の回数は mn となる．疎行列の場合の行列とベクトルの積の計算法は 4.5 節で説明する．

共役勾配法は，残差ベクトル $\boldsymbol{r}_k$ の直交性から理論的には高々 n 回で収束する．また，$A = I + B$ と表され，B の階数が m のとき，共役勾配法は高々 $(m+1)$ 回の反復で収束する [54]．ここで

$$\|\boldsymbol{x}\|_A = \sqrt{\boldsymbol{x}^\mathrm{T} A \boldsymbol{x}}$$

とし，A の条件数を $\kappa = \|A\|_2 \|A^{-1}\|_2$ とすると，共役勾配法の収束について以下の関係がある．

$$\|\boldsymbol{x}_k - \boldsymbol{x}^*\|_A \leq 2 \left(\frac{\sqrt{\kappa}-1}{\sqrt{\kappa}+1}\right)^k \|\boldsymbol{x}_0 - \boldsymbol{x}^*\|_A$$

行列 A の条件数が大きいときには，

$$\left(\frac{\sqrt{\kappa}-1}{\sqrt{\kappa}+1}\right) \approx 1$$

となる．A が単位行列に近いときには早く収束する可能性がある．

4.3 前処理による収束性の改善 〜大雑把に解いておく〜

4.3.1 前処理付き共役勾配法

共役勾配法をそのまま適用すると，収束速度が遅く多くの反復回数を要したり，残差が小さくならず解が得られない場合がある．そこで，行列 A に対して適当な行列をかけて収束性を改善する．このように行列を変形することを**前処理**といい，このとき用いる行列を**前処理行列**という．

行列 C は正定値対称であるとする．C が A に近いと $C^{-1}A$ は単位行列に近くなる．しかし，

$$C^{-1}A\boldsymbol{x} = C^{-1}\boldsymbol{b}$$

とすると，$C^{-1}A$ は対称とは限らないため，そのまま共役勾配法を適用することができない．

ここで，内積 $(\cdot,\cdot)_C$ を

$$(\boldsymbol{x},\boldsymbol{y})_C := (\boldsymbol{x}, C\boldsymbol{y})$$

とする．このとき任意の $\boldsymbol{x} \neq 0$ について

$$\begin{aligned}(C^{-1}A\boldsymbol{x},\boldsymbol{x})_C &= (C^{-1}A\boldsymbol{x}, C\boldsymbol{x}) = (A\boldsymbol{x},\boldsymbol{x}) \\ &= (\boldsymbol{x}, A\boldsymbol{x}) = (\boldsymbol{x}, C^{-1}A\boldsymbol{x})_C > 0\end{aligned}$$

となり，$C^{-1}A$ は内積 $(\cdot,\cdot)_C$ に関して正定値対称となる．この内積を用いて $C^{-1}A\boldsymbol{x} = C^{-1}\boldsymbol{b}$ に対して共役勾配法を適用する．

このとき得られる残差ベクトルを $\tilde{\boldsymbol{r}}_k = C^{-1}\boldsymbol{b} - C^{-1}A\boldsymbol{x}_k$ とすると，

$$\begin{aligned}(\tilde{\boldsymbol{r}}_k, \tilde{\boldsymbol{r}}_k)_C &= (C^{-1}\boldsymbol{r}_k, C^{-1}\boldsymbol{r}_k)_C \\ &= (C^{-1}\boldsymbol{r}_k, \boldsymbol{r}_k)\end{aligned}$$

となる．このような関係を用いると，漸化式中に現れる α_k，および β_k は

$$\begin{aligned}\alpha_k &= \frac{(C^{-1}\boldsymbol{r}_k, \boldsymbol{r}_k)}{(\boldsymbol{p}_k, A\boldsymbol{p}_k)}, \\ \beta_k &= \frac{(C^{-1}\boldsymbol{r}_{k+1}, \boldsymbol{r}_{k+1})}{(C^{-1}\boldsymbol{r}_k, \boldsymbol{r}_k)}\end{aligned}$$

で求めることができる．ここで，

$$\boldsymbol{z}_k = C^{-1}\boldsymbol{r}_k$$

とおく．これより，図 4.3 に示すような前処理付き共役勾配法が得られる．

4.3.2 不完全 Cholesky 分解

前処理行列 C を求める方法として，**不完全 Cholesky 分解**(incomplete Cholesky decomposition) がある．これは A の Cholesky 分解を完全には行わず，一部の要素だけ計算して LL^{T} を求める．ここで，L は下三角行列である．A と LL^{T} は完全には一致しないため

$$A = LL^{\mathrm{T}} + R$$

初期解 $\bm{x}_0$ を与える
$\bm{r}_0 = \bm{b} - A\bm{x}_0$
$C\bm{z}_0 = \bm{r}_0$ を解く
$\bm{p}_0 = \bm{z}_0$
for $k = 0, 1, \ldots$
$$\alpha_k = \frac{(\bm{z}_k, \bm{r}_k)}{(\bm{p}_k, A\bm{p}_k)}$$
$\bm{x}_{k+1} = \bm{x}_k + \alpha_k \bm{p}_k$
$\bm{r}_{k+1} = \bm{r}_k - \alpha_k A\bm{p}_k$
$\|\bm{r}_{k+1}\|_2 \leq \varepsilon \|\bm{b}\|_2$ が満たされたら反復を停止する
$C\bm{z}_{k+1} = \bm{r}_{k+1}$ を解く
$$\beta_k = \frac{(\bm{z}_{k+1}, \bm{r}_{k+1})}{(\bm{z}_k, \bm{r}_k)}$$
$\bm{p}_{k+1} = \bm{z}_{k+1} + \beta_k \bm{p}_k$
end

図 4.3 前処理付き共役勾配法

のように表される．R は A と LL^{T} の差を表す．

適当なインデックス (i,j) の集合 S を与え，$(i,j) \in S$ のときだけ L の (i,j) 要素 l_{ij} を計算し，それ以外は $l_{ij} = 0$ とする．集合 S として，

$$S = \{(i,j) \mid a_{ij} \neq 0\}$$

とする方法がよく用いられる．ここで a_{ij} は A の (i,j) 要素であり，この場合には A の要素が 0 でないところだけ L の要素を計算していることになる．

この不完全に分解した行列を用いて前処理行列を $C = LL^{\mathrm{T}}$ とする．このようにして前処理行列を生成したとき，前処理付き共役勾配法のアルゴリズムでは各ステップで連立一次方程式 $(LL^{\mathrm{T}})\bm{z}_{k+1} = \bm{r}_{k+1}$ を解く必要がある．行列 L が下三角行列であるため，この連立一次方程式は前進代入と後退代入によって解くことができる．まず，未知ベクトル $\bm{y}_{k+1}$ を $\bm{y}_{k+1} = L^{\mathrm{T}}\bm{z}_{k+1}$ と

おき，連立一次方程式

$$Ly_{k+1} = r_{k+1}$$

を前進代入によって解く．次に，得られたベクトル y_{k+1} を右辺にもつ連立一次方程式

$$L^T z_{k+1} = y_{k+1}$$

を後退代入で解くことにより，z_{k+1} を求めることができる．ただし，L も疎行列であり，これらの計算は L の要素が 0 でないところだけ実行する．

不完全 Cholesky 分解の計算において，途中で非常に小さな値による除算が発生する場合には，それを避けるために適当な値 σ を用いて行列 A のかわりに $A + \sigma \mathrm{diag}(A)$ を不完全 Cholesky 分解し，それを前処理行列として用いる．ここで $\mathrm{diag}(A)$ は A の対角要素をもつ対角行列を表す．

4.3.3 しきい値による要素数の削減

前処理行列のための分解の計算や反復における前進代入，後退代入などの計算では，前処理行列の要素数が少ないほど計算が速くなる．そのため，不完全 Cholesky 分解の計算途中で得られた値の大きさを調べ，それがある値より大きい場合だけ要素として採用し，そうでなければ 0 として結果の非ゼロ要素数を削減する方法がある [67]．

適当な値 δ に対して

$$|l_{ij}| \geq \delta \|a_j\|_\infty$$

となった場合のみ L の要素として採用し，そうでないときは $l_{ij} = 0$ とする．ここで a_j は行列 A の第 j 列ベクトルである．δ の値は行列に大きく依存し，$\delta = 10^{-4} \sim 10^{-2}$ 程度でも十分に前処理の効果が得られる場合もあるが，あまり δ を大きくすると前処理の効果が弱くなるだけでなく，逆に非ゼロ要素数が増加することになる．

不完全 Cholesky 分解を用いた前処理で収束しないときには，集合 S として，より多くのインデックスを含むようにする．もっとも多い場合はすべての要素を含む場合である．この方法では，もとの行列の要素が 0 の場合でも不完全 Cholesky 分解の行列は要素をもつことになり，フィルインが発生す

る．この場合もしきい値によって値が小さい l_{ij} は 0 とすることで要素数を削減する．

図 4.4 に共役勾配法の反復の例を示す．行列は Matrix Market の行列 s1rmq4m1 を用いた．次元は 5,489，非ゼロ要素数は 262,411 である．右辺ベクトル b は解 x の要素がすべて 1 となるように与えた．図中で，点線は前処理なしを表し，実線は不完全 Cholesky 分解前処理付きの共役勾配法を表す．残差は必ずしも一定の割合で減少するわけではない．

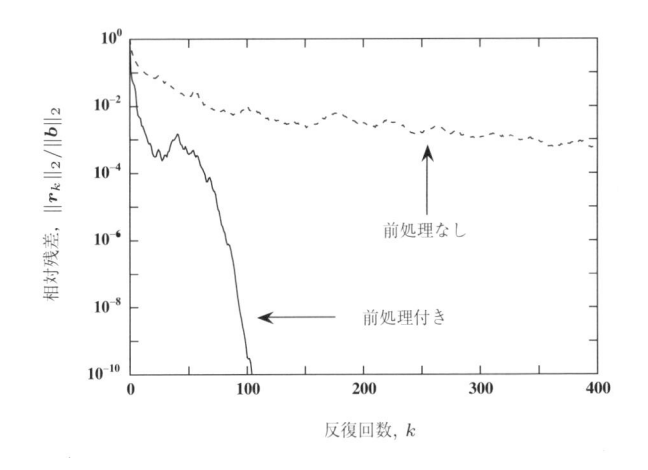

図 4.4 行列 "s1rmq4m1" に対する共役勾配法の相対残差履歴

4.4 非対称行列の反復解法 〜対称性が利用できないときは〜

4.4.1 双共役勾配法

共役勾配法の導出では係数行列 A の対称性を用いていた．そのため，A が対称でない場合は共役勾配法を適用することができない．非対称行列を係数行列にもつ連立一次方程式に対しては，**双共役勾配法** (bi-conjugate gradient method, Bi-CG 法) [55] がある．

連立一次方程式 $Ax = b$ の他に，補助的な連立一次方程式 $A^T x^* = b^*$ を

導入し，これらを連立した方程式

$$\begin{pmatrix} A & O \\ O & A^{\mathrm{T}} \end{pmatrix} \begin{pmatrix} \boldsymbol{x} \\ \boldsymbol{x}^* \end{pmatrix} = \begin{pmatrix} \boldsymbol{b} \\ \boldsymbol{b}^* \end{pmatrix} \tag{4.10}$$

を考える．また，$2n \times 2n$ 行列 H を

$$H := \begin{pmatrix} O & I \\ I & O \end{pmatrix}$$

と定義し，前処理行列の計算のときと同様に，内積 $(\cdot,\cdot)_H$ を

$$(\boldsymbol{x},\boldsymbol{y})_H := (\boldsymbol{x}, H\boldsymbol{y})$$

とする．このとき $(\boldsymbol{x}, A\boldsymbol{y})_H = (A\boldsymbol{x}, \boldsymbol{y})_H$ となる．内積 $(\cdot,\cdot)_H$ を用い，共役勾配法の導出のときに考えた式 (4.2) を利用して (4.10) に共役勾配法を形式的に適用する．このようにすることで図 4.5 に示す双共役勾配法を導くことができる．

双共役勾配法では A^{T} とベクトルの積が現れ，残差ベクトル列 $\boldsymbol{r}_k$ の他にもう1つのベクトル列 $\boldsymbol{r}_k^*$ を生成しており，

$$(\boldsymbol{r}_i^*, \boldsymbol{r}_j) = 0, \quad i \neq j$$

の関係が成り立つ．

双共役勾配法の他にも，自乗共役勾配法（Conjugate Gradient Squared Method, CGS 法）[69] や Bi-CGSTAB 法（Bi-Conjugate Gradient Stabilized Method）[70] などの多くの種類の反復法が提案されている（たとえば文献 [68, 72]）．文献 [71] ではこれらの方法が数値実験で比較されている．

4.4.2 不完全 LU 分解による前処理

連立一次方程式の係数行列が対称の場合は，不完全 Cholesky 分解を用いて前処理を行った．これに対応する前処理法としては，係数行列が非対称の場合には**不完全 LU 分解**を用いる．

不完全 Cholesky 分解のときと同様にインデックス (i,j) の集合 S を与え，A の LU 分解の計算について $(i,j) \in S$ のとき L の要素 l_{ij} または U の要素

4.4 非対称行列の反復解法

初期解 $\boldsymbol{x}_0$ を与える
$\boldsymbol{r}_0 = \boldsymbol{p}_0 = \boldsymbol{b} - A\boldsymbol{x}_0$
$\boldsymbol{r}_0^*$ を与える
$\boldsymbol{p}_0^* = \boldsymbol{r}_0^*$
for $k = 0, 1, \ldots$
$$\alpha_k = \frac{(\boldsymbol{r}_k^*, \boldsymbol{r}_k)}{(\boldsymbol{p}_k^*, A\boldsymbol{p}_k)}$$
$\boldsymbol{x}_{k+1} = \boldsymbol{x}_k + \alpha_k \boldsymbol{p}_k$
$\boldsymbol{r}_{k+1} = \boldsymbol{r}_k - \alpha_k A\boldsymbol{p}_k$
$\|\boldsymbol{r}_{k+1}\|_2 \leq \varepsilon \|\boldsymbol{b}\|_2$ ならば反復を停止する
$\boldsymbol{r}_{k+1}^* = \boldsymbol{r}_k^* - \alpha_k A^{\mathrm{T}} \boldsymbol{p}_k^*$
$$\beta_k = \frac{(\boldsymbol{r}_{k+1}^*, \boldsymbol{r}_{k+1})}{(\boldsymbol{r}_k^*, \boldsymbol{r}_k)}$$
$\boldsymbol{p}_{k+1} = \boldsymbol{r}_{k+1} + \beta_k \boldsymbol{p}_k$
$\boldsymbol{p}_{k+1}^* = \boldsymbol{r}_{k+1}^* + \beta_k \boldsymbol{p}_k^*$
end

図 4.5 双共役勾配法のアルゴリズム

u_{ij} を計算する．不完全 LU 分解では，係数行列 A の要素の一部のみを計算するため，分解した結果と A は一致せず

$$A = LU + R$$

のように表される．ここで，L は対角要素が 1 の下三角行列，U は上三角行列である．また，R は A と LU の差を表す行列である．

集合 S として，

$$S = \{(i, j) \mid a_{ij} \neq 0\}$$

とすると，係数行列と非ゼロ要素の位置が一致するため，フィルインのない不完全 LU 分解となる．

しきい値を与えて，それより大きな値のみを L，および U の要素として採用することで要素数を削減する方法や，係数行列 A の要素が 0 の箇所でも計

算を行った上で，しきい値による削減を適用するフィルインの発生する不完全LU分解なども不完全Cholesky分解のときと同様に考えることができる．

4.4.3 近似逆行列による前処理

不完全LU分解は，係数行列Aを近似するように行列L, Uを求める方法であった．この他に，逆行列A^{-1}を近似した行列を前処理行列として用いる方法がある．一般には逆行列を求めることは避けるべきとされるが，前処理としてはこのような近似的な逆行列を求める方法がある．

MをAの**近似逆行列**として，

$$AM \approx I$$

となるようなMを求めることを考える．ここでMは

$$M = [\boldsymbol{m}_1, \boldsymbol{m}_2, \ldots, \boldsymbol{m}_n]$$

で表されるとし，疎行列であるとする．近似逆行列Mとして，

$$\min_M \|AM - I\|_F \tag{4.11}$$

を満足するようなMを求める [51]．ここで，$\|\cdot\|_F$はFrobeniusノルムを表し，

$$\|A\|_F = \sqrt{\sum_{i=1}^n \sum_{j=1}^n |a_{ij}|^2} \tag{4.12}$$

である．式(4.11)は

$$\min_M \|AM - I\|_F = \sum_{j=1}^n \min_{\boldsymbol{m}_j} \|A\boldsymbol{m}_j - \boldsymbol{e}_j\|_2 \tag{4.13}$$

となるため，n本の最小2乗問題を解くことによりMを求めることができる．ここで，$\boldsymbol{e}_j$はj番目の成分が1で，それ以外の成分は0のベクトルである．Mの計算は各列について独立に計算できる．また，Mとベクトルの積も並列性が高いため，この前処理は並列計算に向いている．

4.4 非対称行列の反復解法

M は疎行列としたため $\boldsymbol{m}_j$ はその要素に 0 を多く含んでいる．そのため，次のようにすることで計算量を減少させる．$\boldsymbol{m}_j$ の要素で 0 でないものだけを並べたベクトルを $\tilde{\boldsymbol{m}}_j$ とする．行列 A についても，$\boldsymbol{m}_j$ の非ゼロ要素に対応する列だけ並べた行列を $\tilde{A}_j$ とする．そうしてから n 本の最小 2 乗問題

$$\min_{\tilde{\boldsymbol{m}}_j} \|\tilde{A}_j \tilde{\boldsymbol{m}}_j - \boldsymbol{e}_j\|_2, \quad j = 1, 2, \ldots, n$$

を解く．ここで $\tilde{A}_j$ は疎であり，疎行列向きの最小 2 乗問題の解法を用いるとよい．

このようにして近似逆行列 M を求めて，連立一次方程式

$$(AM)(M^{-1}\boldsymbol{x}) = \boldsymbol{b}$$

に対して反復法を適用する．このとき行列どうしの積は計算量が多いため，AM をあらかじめ計算して得られた行列に反復法を適用することはしない．行列 A とベクトルの積 $A\boldsymbol{p}_k$ の計算のときに，まず，$\boldsymbol{w} = M\boldsymbol{p}_k$ とした後に $A\boldsymbol{w}$ を計算する．係数行列が AM に対する反復で得られる近似解ベクトルを $\tilde{\boldsymbol{x}}_k$ とすると，もとの方程式の近似解ベクトルは $\boldsymbol{x}_k = M\tilde{\boldsymbol{x}}_k$ によって得られる．

A が疎行列であってもその逆行列がまた疎行列とは限らないが，M の非ゼロ要素の位置としては A の非ゼロ要素の位置と同じにすることが多い．この方法では A の非ゼロ要素数が多いときには不完全 LU 分解と比べると計算量が多くなる．インデックスの集合として適当な値 δ について

$$S = \{(i, j) \mid |a_{ij}| \geq \delta \|\boldsymbol{a}_j\|_\infty\}$$

とすることで，M の非ゼロ要素数を減らすことができる．

図 4.6 に近似逆行列を用いた双共役勾配法の例を示す．行列は，4.1 節で疎行列の様子を示すときに用いた Matrix Market の行列 memplus である．右辺ベクトル $\boldsymbol{b}$ は解ベクトルの要素がすべて 1 となるようにした．ここで M の非ゼロ要素数を減らすしきい値は $\delta = 10^{-2}$ とした．図中で，点線は前処理なしを表し，実線は近似逆行列前処理付きを表す．疎な近似逆行列を用いているが，前処理によって収束が速くなっていることがわかる．

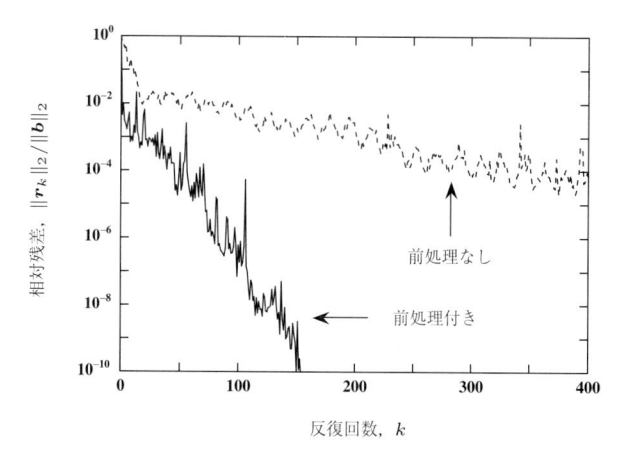

図 4.6 行列 "memplus" に対する双共役勾配法の相対残差履歴

他にも近似逆行列として文献 [50] の方法がある.

4.5 疎行列のデータ表現 〜無駄を省く〜

n 次の行列の要素数は n^2 個であるため,大規模な行列では要素数が膨大になる.行列の要素のほとんどが 0 となる疎行列の場合には,0 でない要素のみをデータとして保持することでメモリが節約できる.また,演算においてもできるだけ 0 をかけるような計算を行わないように工夫することで,大規模な問題を扱うことが可能となる.

4.5.1 行順に要素格納する方法

行列の非ゼロ要素のみを保持するデータの形式として,**CRS** 形式 (compressed row strage format) がある.CRS 形式では行方向に順に要素をみて,0 でない要素だけを取り出して並べる.

A の非ゼロ要素を格納する配列 val,非ゼロ要素の列のインデックスを格納する配列 ind と,各行の要素が配列 val の何番目から格納されているかを示す配列 ptr の 3 つの配列を用いる.

4.5 疎行列のデータ表現

行列 A が

$$A = \begin{pmatrix} 1 & -1 & 0 & 0 & 2 \\ 0 & 5 & 0 & -1 & 8 \\ 2 & 0 & 2 & 0 & 0 \\ 0 & -2 & 0 & -2 & -1 \\ 3 & 0 & 0 & 2 & 4 \end{pmatrix}$$

の場合を例に CRS 形式を示す．この例では，$n=5$ で非ゼロ要素数は 14 である．第 1 行目の要素は

$$1 \quad -1 \quad 0 \quad 0 \quad 2$$

である．このうちの 0 でない要素のみを取り出し，配列 val(1)〜val(3) に格納する．それぞれの要素の列番号は $1, 2, 5$ であり，これらの値を ind(1)〜ind(3) に格納する．第 1 行目の要素は先頭から格納されているため，ptr(1) = 1 とする．このとき，それぞれの要素は以下のようになる．

```
val:  1  -1   2
ind:  1   2   5
ptr:  1
```

第 2 行目も同様に取り出して 0 でない要素を格納する．第 2 行目の要素は val，および ind のそれぞれ 4 番目から格納されるため ptr(2) = 4 となる．

```
val:  1  -1   2 | 5  -1   8
ind:  1   2   5 | 2   4   5
ptr:  1   4
```

第 3 行目以降も同様にして第 n 行まで行う．ptr(n+1) には A の非ゼロ要素数 +1 の値を格納しておく．このように格納していくと，最終的には以下のようになる．

```
val:  1  -1   2 | 5  -1   8 | 2   2 | -2  -2  -1 | 3   2   4
ind:  1   2   5 | 2   4   5 | 1   3 |  2   4   5 | 1   4   5
ptr:  1   4   7   9  12  15
```

非ゼロ要素数が m のとき, val, および ind のサイズは m となり, ptr は $(n+1)$ となる. $m \ll n$ のときには, これらのサイズはすべての要素をそのまま格納した場合の n^2 よりはるかに小さくなる.

CRS 形式で格納された疎行列について, 行列とベクトルの積 $\boldsymbol{y} = A\boldsymbol{x}$ の計算を行う方法を示す. $\boldsymbol{y}$ の要素を求める式は A が密行列のときには

$$y_i = \sum_{j=1}^{n} a_{ij} x_j, \quad i = 1, 2, \ldots, n$$

と表される. これを for ループで表すと次のようになる.

```
for  i = 1, …, n
    y(i) = 0
    for  j = 1, …, n
        y(i) = y(i) + a(i,j)*x(j)
    end
end
```

行列 A の要素が CRS 形式で与えられているときには, 第 i 行の非ゼロ要素, および対応する列番号は

$$\text{val}(j), \quad j = \text{ptr}(i), \ldots, \text{ptr}(i+1)\text{-}1$$
$$\text{ind}(j), \quad j = \text{ptr}(i), \ldots, \text{ptr}(i+1)\text{-}1$$

に格納されている. そのため, 次のようなアルゴリズムになる.

```
for  i=1, …, n
    y(i) = 0
    for  j=ptr(i), …, ptr(i+1) - 1
        y(i) = y(i) + val(j)*x(ind(j))
    end
end
```

転置行列 A^T とベクトルの積を計算するときには, A の列方向に並んだ要素が必要となる. しかし, CRS 形式では行方向にデータが格納されているため, そのままでは効率が悪い. そのため, ループを入れ替えて A の行方向に要素をみて計算ができるようにする.

```
for  i = 1, ... , n
   y(i) = 0
end
for  j = 1, ... , n
   for  i = ptr(j), ... , ptr(j+1) - 1
      y(ind(i)) = y(ind(i)) + val(i)*x(j)
   end
end
```

4.5.2　列順に格納する方法

行列の非ゼロ要素を列方向に格納する形式は，**CCS 形式**(compressed column strage format) と呼ぶ．この形式は Harwell-Boeing 形式とも呼ばれている．

CCS 形式は A^{T} に対する CRS 形式とみることができ，CRS 形式と同様に値を入れる配列 val，対応する行番号を入れる配列 ind，各列の要素が始まる位置を示す配列 ptr からなる．

CRS 形式の例と同じ行列を CCS 形式で表すと以下のようになる．

```
val:   1   2   3 | -1   5   -2 | 2   -1   -2   2 | 2   8   -1   4
ind:   1   3   5 |  1   2    4 | 3    2    4   5 | 1   2    4   5
ptr:   1   4   7   8   11   15
```

行列とベクトルの積の計算についても CRS 形式の場合の転置をとった計算方法と一致する．4.4.3 項で述べた近似逆行列は A の列ベクトルを利用するため，この場合には CCS 形式を用いることにより効率よく計算を行うことができる．

4.6　まとめ

本章では，大規模な連立一次方程式の係数行列としてよく現れる疎行列を対象として，反復解法である共役勾配法，および双共役勾配法について説明

した．また，疎行列のデータを無駄なく格納するためのデータ形式についても紹介した．この格納方式では共役勾配法や双共役勾配法で必要となる行列とベクトルの積が比較的容易に行える．

一般に，疎行列を含むような計算のプログラムは複雑になり，自分で開発するのはそれほど容易ではない．いくつかのパッケージが公開されているので，それらを利用するとよい．たとえば，SuperLU [60] や UMFPACK [61], DSCPACK[62], MUMPS[62], Hypre[64] などが公開されている．また，PETSc [65] は複数のパッケージを利用するためのインターフェイスを備えている．

行列などの科学計算に便利な言語である MATLAB [63] や Scilab [59] は，データ形式として疎行列をサポートしている．そのため，疎行列に対する計算プログラムが比較的容易に作成できる．これらの言語の疎行列の使い方についてはたとえば [73] を参照されたい．また，Mathematica [66] でも疎行列をサポートしている．

文献 [54] には線形計算に関する多くの話題が含まれている．また，反復法のアルゴリズムについて [72] がある．文献 [75] は偏微分方程式の離散化手法や，そこから得られる行列に対する反復法などが示されている．文献 [68] には，疎行列向きの直接解法，オーダリングの手法，反復解法，前処理など幅広い内容が含まれている．

謝辞 この章では数値例を示すために MatrixMarket[58] のデータを用いた．ここに謝意を表す．

第5章
固有値問題
~分ければ資源~

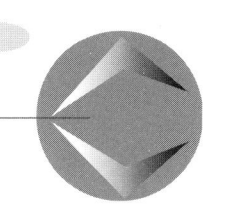

本章の目的

　固有値解析は，線形系を理解するための基本的な手段である．そこで行列の固有値と固有ベクトルを知る，すなわち固有値問題を解く必要が生まれるが，現実的な問題の多くでは，その唯一の手段は数値計算法である．この章では，固有値問題の数値解法のいくつかを概観する．また，解法の収束性と誤差について考える．

第5章 固有値問題

5.1 はじめに

n 次正方行列を A とする．スカラ λ と n 次元ベクトル $\boldsymbol{u}$ が存在し

$$A\boldsymbol{u} = \lambda \boldsymbol{u}, \; \boldsymbol{u} \neq \boldsymbol{0} \tag{5.1}$$

を満たすとき，λ を A の**固有値**，$\boldsymbol{u}$ をそれに対応する**固有ベクトル**という．この λ と $\boldsymbol{u}$ の組 $(\lambda, \boldsymbol{u})$ を**固有対**という．与えられた正方行列 A に対してその固有値と固有ベクトルを求める問題を固有値問題という．

固有値問題の数値解法でよく使われる方法の一つは，固有対 $(\lambda, \boldsymbol{u})$ に収束する近似固有対の列 $\{(\lambda^{(k)}, \boldsymbol{u}^{(k)})\}_{k \geq 0}$ を初期近似 $(\lambda^{(0)}, \boldsymbol{u}^{(0)})$ から反復法で構成する方法である．

もう一つの方法は，正則行列 P による行列 A の**相似変換**

$$A' = P^{-1}AP \tag{5.2}$$

を用いるものである．相似変換で固有値の集合は不変である．これにより相似変換をくり返し，固有値問題をより単純な固有値問題に変換する．行列 P としては，相似変換の数値的安定性を考慮して直交行列がよく使われる．目標とする A' は対角行列や三角行列である．中間目標として，三重対角行列や後で述べる Hessenberg 行列をとる方法もある．

5.2 近似固有値の誤差評価

固有値・固有ベクトルの数値計算は，誤差から免れ得ない．近似固有対の反復計算は適当な回数で打ち切らざるを得ない．相似変換による行列の対角化・三角化も原理的に反復法となるため同様である．さらに，演算が有限桁で行われるため，丸め誤差が発生する．これらが，最終的にどの程度固有値・固有ベクトルの誤差に反映するかを知ることは，解法を具体的なプログラムとして実現する際にも，得られた固有値・固有ベクトルの精度を評価する際にも重要である．

ベクトル，行列やそれらに混入した誤差の大きさを評価する指標としてノルムが使われる．n 次元ベクトルを $\boldsymbol{x} = (x_1, \ldots, x_n)^{\mathrm{T}}$ とする．実数 $p \geq 1$

5.2 近似固有値の誤差評価

と $p = \infty$ について，$\boldsymbol{x}$ の $\boldsymbol{p}$-ノルムは

$$\|\boldsymbol{x}\|_p = \left(\sum_{i=1}^{n} |x_i|^p\right)^{1/p}, \|\boldsymbol{x}\|_\infty = \max_{1 \le i \le n} |x_i|$$

である．ベクトルの p-ノルムにより $m \times n$ 行列 A の $\boldsymbol{p}$-ノルム

$$\|A\|_p = \max_{\|\boldsymbol{x}\|_p = 1} \|A\boldsymbol{x}\|_p$$

が決まる．これを**従属ノルム**という．また，正則な正方行列 A の**条件数**は

$$\mathrm{cond}_p(A) = \|A\|_p \|A^{-1}\|_p$$

で定義される．

次の定理とその系は，近似固有対 $(\sigma, \boldsymbol{x})$ の残差 $A\boldsymbol{x} - \sigma\boldsymbol{x}$ による，近似固有値 σ の事後誤差評価法を示す．

定理 5.1 n 次正方行列 A の固有値を $\lambda_1, \lambda_2, \ldots, \lambda_n$ とし，固有ベクトルを列ベクトルとする n 次正方行列 U は正則とする．近似固有対 $(\sigma, \boldsymbol{x})$ が，

$$\|A\boldsymbol{x} - \sigma\boldsymbol{x}\|_p \le \varepsilon \|\boldsymbol{x}\|_p, \quad \boldsymbol{x} \ne \boldsymbol{0}$$

を満たすなら，

$$\min_{1 \le j \le n} |\sigma - \lambda_j| \le \varepsilon \cdot \mathrm{cond}_p(U)$$

$\mathrm{cond}_p(U)$ が大きいと，残差ノルムを小さくしても近似固有値の精度が上がらず，固有値を求める問題は悪条件問題となる．一方，対称行列 A の固有値を求める問題は良条件である．なぜなら対称行列 A では U は直交行列にとれ，$\mathrm{cond}_2(U) = 1$ だからである．

系 5.2 n 次対称行列 A の固有値を $\lambda_1, \lambda_2, \ldots, \lambda_n$ とする．近似固有対 $(\sigma, \boldsymbol{x})$ が

$$\|A\boldsymbol{x} - \sigma\boldsymbol{x}\|_2 \le \varepsilon \|\boldsymbol{x}\|_2, \quad \boldsymbol{x} \ne \boldsymbol{0}$$

を満たすなら，

$$\min_{1 \le i \le n} |\sigma - \lambda_i| \le \varepsilon$$

可能なら，固有値問題は対称行列の固有値問題に変換して解くことが望ましい．たとえば A, B を対称行列，B は正値とするとき，一般固有値問題

$$A\boldsymbol{x} = \lambda B \boldsymbol{x}$$

は

$$B^{-1} A \boldsymbol{x} = \lambda \boldsymbol{x}$$

と変形すれば一般には非対称な行列 $B^{-1}A$ に関する固有値問題となる．これを，$B = LL^{\mathrm{T}}$ と Cholesky 分解し，上三角行列 L^{T} で相似変換すれば，対称行列

$$L^{\mathrm{T}}(B^{-1}A)L^{-\mathrm{T}} = L^{-1}AL^{-\mathrm{T}}$$

に関する固有値問題に変換できる．

A が対称行列なら直交行列による相似変換をくり返し，対角行列 Λ に収束する対称行列の系列

$$A = A^{(0)}, A^{(1)}, \ldots, A^{(k)}, \ldots \longrightarrow \Lambda \tag{5.3}$$

を構成し，非対角要素が十分小さくなった $A^{(k)}$ の対角要素を A の近似固有値とする．このような算法において問題になるのは，$A^{(k)}$ で十分小さいとして 0 とみなされた要素の影響と，丸め誤差の影響である．

定理 5.3 対称行列 A の固有値を $\lambda_1 \leq \lambda_2 \leq \cdots \leq \lambda_n$，近似対称行列 $A' = A + E$ の固有値を $\lambda'_1 \leq \lambda'_2 \leq \cdots \leq \lambda'_n$ とすると

$$|\lambda'_i - \lambda_i| \leq \rho(E) \leq \|E\| \quad (1 \leq i \leq n)$$

である．ここで $\|\cdot\|$ は任意の従属ノルム，$\rho(\cdot)$ は行列のスペクトル半径で，固有値の絶対値の最大値である．

反復過程 (5.3) では $A^{(k)}$ の非対角要素の絶対値が十分小さくなったとき，対角要素 $\{a_{ii}^{(k)}\}_{1 \leq i \leq n}$ を昇順に並べた $\lambda'_1 \leq \lambda'_2 \leq \cdots \leq \lambda'_n$ を近似固有値とする．それは $A^{(k)}$ を対角部 $D^{(k)}$ と非対角部 $E^{(n)}$ に分けたときの対角部 $D^{(k)} = A^{(k)} - E^{(k)}$ の固有値ゆえ，上の定理より

$$|\lambda'_i - \lambda_i| \leq \left\|E^{(k)}\right\| \quad (1 \leq i \leq n) \tag{5.4}$$

で誤差評価できる．

対称行列 A を計算機に入力すると対称な丸め誤差 ΔA が発生し，メモリに格納されるのは $A' = A + \Delta A$ となる．上の定理よりその固有値の誤差は

$$|\Delta \lambda_i| \leq \rho(\Delta A) \leq \|\Delta A\| \leq \|A\| \mathrm{u} \ (1 \leq i \leq n) \tag{5.5}$$

となる．ここで u は丸めの単位であり，IEEE 単精度では $\mathrm{u} = 6.0 \times 10^{-8}$，IEEE 倍精度では $\mathrm{u} = 1.1 \times 10^{-16}$ である．一般的な状況では，数値的に求めた固有値に対しては $\|A\|\mathrm{u}$ 程度の絶対誤差を許容しなければならない．

5.3 累乗法

累乗法（**冪乗法**）は，行列 A の絶対値最大の固有値 λ が重複を除いてただ一つある場合，その固有対 $(\lambda, \boldsymbol{u})$ を求めるのに適した方法である．また，ベクトルに A を掛ける操作を繰り返すので，疎行列の固有値問題に対して特に有効である．次の定理は，累乗法の基本的な原理を示す．

定理 5.4 行列 A は対角行列と相似で，その絶対値最大固有値は重複を除き λ ただ一つであるとする．λ に対応する固有ベクトルを $\boldsymbol{u}$ とする．絶対値が λ に次いで大きい固有値を λ' とし，$r = |\lambda'/\lambda|$ とおく．このとき，固有値 λ の固有空間の成分が零でないベクトル $\boldsymbol{x}^{(0)}$ を初期ベクトルとし，漸化式

$$\boldsymbol{x}^{(k+1)} = A\boldsymbol{x}^{(k)} \ (k \geq 0) \tag{5.6}$$

で生成されたベクトル列 $\{\boldsymbol{x}^{(k)}\}_{k \geq 0}$ について，

$$\boldsymbol{y}^{(k)} = \frac{\boldsymbol{x}^{(k)}}{\|\boldsymbol{x}^{(k)}\|} = \pm \frac{\boldsymbol{u}}{\|\boldsymbol{u}\|} + O(r^k) \tag{5.7}$$

$$\lambda^{(k)} = \frac{x_j^{(k+1)}}{x_j^{(k)}} = \lambda + O(r^k) \tag{5.8}$$

である．ただし固有ベクトル $\boldsymbol{u}$ の第 j 成分は 0 でないとする．

実際のプログラミングでは，ノルムとして計算の容易な ∞-ノルムを用いる．またオーバーフロー，アンダーフローを防ぐため，ノルム 1 に正規化され

た $\boldsymbol{y}^{(k)}$ と $\lambda^{(k)}$ を計算する．初期ベクトル $\boldsymbol{y}^{(0)}$ は，絶対値最大要素 $y_{j_0} = 1$ となるように正規化し，番号 j_0 を記憶しておく．漸化式は

$$\begin{aligned} \boldsymbol{z}^{(k)} &= A\boldsymbol{y}^{(k)}, \\ \boldsymbol{y}^{(k+1)} &= \boldsymbol{z}^{(k)}/\left\|\boldsymbol{z}^{(k)}\right\|_\infty, \\ \lambda^{(k)} &= z^{(k)}_{j_k} \end{aligned} \quad (5.9)$$

で，$\boldsymbol{y}^{(k)}$ を絶対値最大要素 $y^{(k)}_{j_k} = 1$ となるように正規化し，番号 j_k を記憶しておく．

定理 5.1 より，近似固有値 $\lambda^{(k)}$ の誤差は

$$\left|\lambda^{(k)} - \lambda\right| \leq C \frac{\left\|A\boldsymbol{y}^{(k)} - \lambda^{(k)}\boldsymbol{y}^{(k)}\right\|_\infty}{\left\|\boldsymbol{y}^{(k)}\right\|_\infty} = C\left\|\boldsymbol{z}^{(k)} - \lambda^{(k)}\boldsymbol{y}^{(k)}\right\|_\infty \quad (5.10)$$

で見積もられる．

A が対称行列ならノルムとして 2-ノルムを採用し，$\lambda^{(k)}$ を **Rayleigh 商**

$$\lambda^{(k)} = \frac{(\boldsymbol{y}^{(k)}, A\boldsymbol{y}^{(k)})}{(\boldsymbol{y}^{(k)}, \boldsymbol{y}^{(k)})} \quad (5.11)$$

で計算すれば，次の定理に見るように近似固有値の収束が加速される．

定理 5.5 A は対称行列とする．定理 5.4 と同じ条件で，式 (5.7) のノルムとして 2-ノルムを採用し，式 (5.11) で近似固有値 $\lambda^{(k)}$ を計算すれば，

$$\lambda^{(k)} = \lambda + O(r^{2k}) \quad (5.12)$$

となる．すなわち，数列 $\{\lambda^{(k)}\}_{k\geq 0}$ は絶対値最大固有値 λ に一次収束し，その収束率は $r^2 < r$ である．

反復過程は，

$$\begin{aligned} \boldsymbol{z}^{(k)} &= A\boldsymbol{y}^{(k)}, \\ \boldsymbol{y}^{(k+1)} &= \boldsymbol{z}^{(k)}/\left\|\boldsymbol{z}^{(k)}\right\|_2, \\ \lambda^{(k)} &= (\boldsymbol{y}^{(k)}, \boldsymbol{z}^{(k)}) \end{aligned} \quad (5.13)$$

である．

これを **Reyleigh 商反復**という．$\lambda^{(k)}$ の計算 (5.11) で，$(\boldsymbol{y}^{(k)}, \boldsymbol{y}^{(k)}) = 1$ を利用している．残差ノルムの平方も $\left\|\boldsymbol{y}^{(k)}\right\|_2^2 = 1$ より

$$(r^{(k)})^2 = \left\|\lambda^{(k)}\boldsymbol{y}^{(k)} - A\boldsymbol{y}^{(k)}\right\|_2^2 = \left\|\boldsymbol{z}^{(k)}\right\|_2^2 - (\lambda^{(k)})^2$$

で簡単に計算でき，系5.2より，近似固有値 $\lambda^{(k)}$ の誤差は

$$\left|\lambda^{(k)} - \lambda\right| \leq r^{(k)} \tag{5.14}$$

で見積もられる．

　初期ベクトル $\boldsymbol{y}^{(0)}$ は絶対値最大固有値 λ の固有ベクトルに近いものが望ましいが，その推定が面倒なら乱数を要素にして与える．乱数で与えた $\boldsymbol{y}^{(0)}$ で固有値 λ の固有空間の成分が極端に小さくなる確率は非常に小さいので，累乗法が失敗する確率は実質上 0 である．

　逆反復法は，他の方法で得られた近似固有対の改良，近似固有値に対応する近似固有ベクトルを求める計算，定められた領域の固有値を求める計算などに用いられる柔軟で効果的な方法である．A の固有対を $(\lambda, \boldsymbol{u})$ とすると，固有ベクトルを共有する $(A-\sigma I)^{-1}$ の固有対は $(1/(\lambda-\sigma), \boldsymbol{u})$ である．複素数 σ に最も近い A の固有値を λ とすると，λ は $(A-\sigma I)^{-1}$ の絶対値最大固有値 $\rho = 1/(\lambda-\sigma)$ に対応する．したがって，累乗法で $(A-\sigma I)^{-1}$ の絶対値最大固有値 ρ の近似固有対 $(\rho^{(k)}, \boldsymbol{y}^{(k)})$ を計算し，

$$(\lambda^{(k)}, \boldsymbol{y}^{(k)}) = (\sigma + 1/\rho^{(k)}, \boldsymbol{y}^{(k)})$$

とすれば σ に最も近い A の固有値 λ の近似固有対 $(\lambda^{(k)}, \boldsymbol{y}^{(k)})$ が計算できる．スカラ σ を**シフトパラメータ**という．シフトパラメータ $\sigma = 0$ とすれば A の絶対値最小固有値の固有対を求めることができる．

　近似固有対の系列 $(\rho^{(k)}, \boldsymbol{y}^{(k)})$ の計算

$$\boldsymbol{z}^{(k)} = (A - \sigma I)^{-1} \boldsymbol{y}^{(k)}$$

では $A - \sigma I$ を反復を始める前に一度 LU 分解しておき，各 k で方程式

$$(A - \sigma I)\boldsymbol{z}^{(k)} = \boldsymbol{y}^{(k)}$$

を $\boldsymbol{z}^{(k)}$ に関して解いて求める．1 回反復あたりの計算量は A が密行列なら乗除算約 n^2 回である．

5.4 Householder 変換による対称行列の三重対角化

行列

$$V = \begin{pmatrix} v_{11} & v_{12} & \cdots & v_{1n} \\ v_{21} & v_{22} & \cdots & v_{2n} \\ & \ddots & \ddots & \vdots \\ O & & v_{n,n-1} & v_{nn} \end{pmatrix}, v_{ij} = 0 (j \leq i-2) \tag{5.15}$$

を上 Hessenberg 行列という．その転置行列を下 Hessenberg 行列という．対称な Hessenberg 行列は，対称三重対角行列である．

n 次元ベクトル $\boldsymbol{w}, \|\boldsymbol{w}\|_2 = \sqrt{2}$ で定義される行列

$$H(\boldsymbol{w}) = I_n - \boldsymbol{w}\boldsymbol{w}^{\mathrm{T}}$$

を Householder 行列, それによる変換を Householder 変換という．Householder 行列は対称な直交行列であるから，

$$H(\boldsymbol{w})^{-1} = H(\boldsymbol{w})^{\mathrm{T}} = H(\boldsymbol{w})$$

である．ベクトル $\boldsymbol{x} = (x_1, \ldots, x_n)^{\mathrm{T}}$ に対し，

$$\begin{aligned} E_k(\boldsymbol{x}) &= H(\boldsymbol{w}), \\ \boldsymbol{w} &= \frac{1}{\sqrt{d(d-x_k)}}(0, \ldots, 0, d, x_{k+1}, \ldots, x_n)^{\mathrm{T}}, d = \pm\sqrt{\sum_{i=k}^{n} x_i^2} \end{aligned} \tag{5.16}$$

で定義された $E_k(\boldsymbol{x})$ は Householder 行列であり，

$$E_k(\boldsymbol{x})\boldsymbol{x} = (x_1, \ldots, x_{k-1}, d, 0, \ldots, 0)^{\mathrm{T}}$$

となる．すなわち，$\boldsymbol{x}$ の第 $k+1$〜n 要素が消去される．式 (5.16) で，d の符号は桁落ちを避けるため x_k と逆にとる．

任意の n 次正方行列 A に，Householder 行列による相似変換を $n-2$ 回ほどこし，上 Hessenberg 行列に変換する Householder 法を示す．

$$\begin{aligned} A^{(2)} &= A, \\ A^{(k+1)} &= H_k A^{(k)} H_k^{-1} = H_k A^{(k)} H_k \ (2 \leq k \leq n-1) \end{aligned} \tag{5.17}$$

5.4 Householder 変換による対称行列の三重対角化

ここで，$H_k = E_k(\boldsymbol{a}_{k-1}^{(k)})$, $\boldsymbol{a}_{k-1}^{(k)}$ は行列 $A^{(k)}$ の第 $k-1$ 行ベクトルである．この算法で，

$$A^{(k)} = \begin{pmatrix} a_{11} & \cdots & * & a_{1,k-1} & \cdots & a_{1n} \\ a_{21} & \cdots & * & * & \cdots & * \\ & \ddots & \vdots & \vdots & & \vdots \\ & & a_{k-1,k-2} & a_{k-1,k-1} & \cdots & * \\ & & & a_{k,k-1} & \cdots & * \\ & O & & \vdots & & \vdots \\ & & & a_{n,k-1} & \cdots & a_{nn} \end{pmatrix}$$

は第 $k-2$ 列まで上 Hessenberg 化されている．ここでは簡単のため，変換された行列 $A^{(k)}$ の (i,j) 要素も a_{ij} と書いている．$H_k = E_k(\boldsymbol{a}_{k-1}^{(k)})$ であるから，変換 $H_k A^{(k)}$ では，$A^{(k)}$ の第 $1\sim k-1$ 行は保存され，第 $k-1$ 列の第 $k+1\sim n$ 行が消去され 0 となる．すなわち，$H_k A^{(k)}$ は第 $k-1$ 列まで上 Hessenberg 化されている．引き続く変換 $A^{(k+1)} = (H_k A^{(k)}) H_k$ では，$H_k A^{(k)}$ の第 $1\sim k-1$ 列は保存されるので，$A^{(k+1)}$ は第 $k-1$ 列まで上 Hessenberg 化される．

この算法で，A から Hessenberg 行列 V への相似変換は，

$$V = Q^{-1}AQ, \ Q = H_2 H_3 \cdots H_{n-1}, Q^{-1} = Q^{\mathrm{T}} \tag{5.18}$$

となる．この相似変換は直交行列によるため，数値的にきわめて安定である．

Householder 変換による Hessenberg 化の計算量を見積もる．Householder 行列 H_k の構成に $2(n-k+2)$ 回の乗除算と平方根 1 回を要する．式 (5.17) の $A^{(k+1)}$ は，乗除算 $2(2n-k+1)(n-k+1)$ 回で計算できる．これを $k = 2, 3, \ldots, n-1$ で行えば，平方根 $n-2$ 回，乗除算回数

$$\frac{5}{3}n^3 - n^2 - \frac{2}{3}n - 8 \cong \frac{5}{3}n^3 \tag{5.19}$$

となる．

この方法は，行列 A が対称行列のとき特別な利点をもつ．A が対称なら，式 (5.17) よりすべての $A^{(k)} (2 \leq k \leq n-1)$ は対称行列である．したがっ

て，$V = A^{(n)}$ は対称 Hessenberg 行列，すなわち対称三重対角行列

$$V = \begin{pmatrix} a_1 & b_1 & & O \\ b_1 & a_2 & \ddots & \\ & \ddots & \ddots & b_{n-1} \\ O & & b_{n-1} & a_n \end{pmatrix} = Q^{-1}AQ \tag{5.20}$$

となる．また対称性より，$A^{(k+1)}$ の対角より上の要素は計算する必要がないので乗除算回数は

$$\frac{2}{3}n^3 + \frac{4}{3}n - 8 \cong \frac{2}{3}n^3$$

と式 (5.19) の約 40 ％に減る．

Hessenberg 行列 V の固有対 $(\lambda, \boldsymbol{p})$ は，逆反復法や QR 法などで求めることができる．λ は A の固有値であり，対応する固有ベクトルは

$$\boldsymbol{u} = Q\boldsymbol{p} = H_2 H_3 \cdots H_{n-1} \boldsymbol{p} \tag{5.21}$$

で計算できる．対称三重対角行列の固有対も，逆反復法，QR 法などで求めることができる．また二分法，QR 法で近似固有値のみを求め，固有ベクトルを逆反復法で計算する算法も有効である．

5.5　対称三重対角行列に対する二分法

対称三重対角行列

$$A = \begin{pmatrix} a_1 & b_2 & & O \\ b_2 & a_2 & \ddots & \\ & \ddots & \ddots & b_n \\ O & & b_n & a_n \end{pmatrix} \tag{5.22}$$

の固有値を求める**二分法**について述べる．求めた固有値に対応する固有ベクトルは逆反復法などで求める．

5.5 対称三重対角行列に対する二分法

対称行列 A が置換行列 P による相似変換で

$$P^{-1}AP = \begin{pmatrix} A_1 & O \\ O & A_2 \end{pmatrix}$$

と対角ブロック化できるとき A は**可約**，そうでないとき**既約**という．可約な行列 A の固有値問題は A_1, A_2 の固有値問題に帰着する．したがって，固有値問題の数値解法はその対象を既約行列に限ってよい．

数値的には，完全にブロック対角化されず，近似ブロック対角化

$$P^{-1}AP = \begin{pmatrix} A_1 & E \\ E & A_2 \end{pmatrix} \cong \begin{pmatrix} A_1 & O \\ O & A_2 \end{pmatrix}$$

の状態で A_1, A_2 の固有値問題に帰着する場合が一般的である．このとき，定理 5.3 によれば，近似固有値の絶対誤差は $\|E\|_2$ 以下であることが保証される．

対称三重対角行列 A である副対角要素 $b_i = 0$ なら明らかに可約である．さらに強く，次の定理が成り立つ．

定理 5.6 対称三重対角行列が既約であることと，その副対角要素がすべて非零であることは同値である．

以下では A は既約，すなわち $b_i \neq 0 \ (2 \leq i \leq n)$ とする．

行列 A の k 行 k 列までの部分行列の特性多項式を

$$p_k(x) = \begin{vmatrix} x-a_1 & -b_2 & & O \\ -b_2 & x-a_2 & \ddots & \\ & \ddots & \ddots & -b_k \\ O & & -b_k & x-a_k \end{vmatrix}$$

とおく．この部分行列も対称行列だから $p_k(x)$ は k 個の実零点をもつ．行列 A 自身の特性多項式は $p(x) = p_n(x)$ である．上式の行列式を第 k 行で展開することにより，$p_0(x) = 1$ を初期値とする，$p_k(x)$ の漸化式

$$p_k(x) = (x-a_k)p_{k-1}(x) - b_k^2 p_{k-2}(x) \ \ (2 \leq k \leq n) \tag{5.23}$$

を得る．与えられた x について，この漸化式で数列 $\{p_k(x)\}$ を計算する．

この多項式は，次のような興味深い性質をもつ．

定理 5.7 特性多項式 $p_k(x)$ の零点を降順に並べて $\lambda_1^{(k)} \geq \lambda_2^{(k)} \geq \cdots \geq \lambda_k^{(k)}$ とする．A が既約なら $p_{k-1}(x)$ の零点は $p_k(x)$ の零点を分離する．すなわち任意の $2 \leq k \leq n$ で

$$\lambda_i^{(k)} > \lambda_i^{(k-1)} > \lambda_{i+1}^{(k)} \quad (1 \leq i \leq k-1) \tag{5.24}$$

である．

これより直ちに次の系を得る．

系 5.8 既約対称三重対角行列は重複固有値をもたない．

実数 a に対し数列 $p_0(a), p_1(a), \ldots, p_n(a)$ から零の項を省いた数列の符号交代の個数を $V(a)$ とする．定理 5.7 より，次の定理が証明できる．

定理 5.9 半開区間 $(a, b]$ 上の A の固有値の個数は $V(a) - V(b)$ である．

特に，$V(a)$ は区間 (a, ∞) に含まれる固有値の個数である．定理 5.9 の結果により，既約対称三重対角行列 A の固有値 $\lambda_1 > \lambda_2 > \cdots > \lambda_n$ の i 番目 λ_i を二分法で求めることができる．区間 $(a, b]$ に λ_i が存在するとする．区間の中点 $c = (a+b)/2$ について，$V(c) \geq i$ なら $\lambda_i \in (c, b]$，$V(c) < i$ なら $\lambda_i \in (a, c]$ である．このように，$V(c)$ を計算することで λ_i の存在区間幅を半分にできる．

具体的には $|\lambda_i| \leq \|A\|_\infty$ ゆえ，$b_0 = -1.01 \|A\|_\infty, a_0 = -b_0$ とすれば $\lambda_i \in (a_0, b_0]$ である．この初期区間 $(a_0, b_0]$ から，$k = 0, 1, \ldots$ で二分法

$$\begin{aligned} c_k &= (a_k + b_k)/2, \\ (a_{k+1}, b_{k+1}] &= \begin{cases} (c_k, b_k] &, V(c_k) \geq i, \\ (a_k, c_k] &, V(c_k) < i \end{cases} \end{aligned} \tag{5.25}$$

により，λ_i の存在区間幅を任意に小さくできる．

この算法を，すべての固有値を求めるように拡張するのは容易である．しかし，収束次数が 1 であるので，計算速度は次の QR 法には及ばない．二分法は与えられた区間に存在する固有値の個数や，そのなかの少数の固有値を求めるのに適している．

5.6 対称三重対角行列に対するQR法

対称行列 A の固有値問題に対する **QR法** は, 初期行列 $A_0 = A$ から漸化式

$$\begin{aligned}
A'_k &= A_k - \sigma_k I, \\
A'_k &= Q_k R_k, \ A'_{k+1} = R_k Q_k, \\
A_{k+1} &= A'_{k+1} + \sigma_k I \ \ (k = 0, 1, \ldots)
\end{aligned} \tag{5.26}$$

により A_k を対角行列に近づけ, その対角要素を近似固有値とする方法である. ここで, $A_k - \sigma_k I = Q_k R_k$ は $A_k - \sigma_k I$ のQR分解で, Q_k は直交行列, R_k は上三角行列である. スカラ σ_k を**シフトパラメータ**という. Q_k は直交行列ゆえ

$$A_{k+1} = R_k Q_k + \sigma_k I = Q_k^{-1}(A_k - \sigma_k I) Q_k + \sigma_k I = Q_k^T A_k Q_k \tag{5.27}$$

となり, $A_k \ (k \geq 1)$ は A と相似な対称行列で固有値も等しい. この式より,

$$A_{k+1} = Q_k^T Q_{k-1}^T \cdots Q_0^T A_0 Q_0 \cdots Q_{k-1} Q_k$$

ゆえ,

$$A_{k+1} = P_k^T A P_k, \tag{5.28}$$

$$P_k = Q_0 Q_1 \cdots Q_k \ \ (k \geq 0) \tag{5.29}$$

となる.

QR法と逆反復法には密接な関係がある. 数列 $\{\sigma_k\}_{k \geq 0}$ をシフトパラメータとする逆反復法を

$$\begin{aligned}
\boldsymbol{x}_0 &= \boldsymbol{e}_n = (0, \ldots, 0, 1)^T, \\
\boldsymbol{x}_{k+1} &= \nu_k (A - \sigma_k I)^{-1} \boldsymbol{x}_k \ \ (k \geq 0)
\end{aligned} \tag{5.30}$$

と書く. ただし v_k は正規化 $\|\boldsymbol{x}_{k+1}\|_2 = 1$ のための乗数である. 次の定理はQR法が陰に逆反復法を含んでいることを示す.

定理 5.10 P_k の第 n 列ベクトルを $\boldsymbol{p}_k^{(n)}$ とする. シフトパラメータの列 $\{\sigma_k\}_{k \geq 0}$ が対称行列 A の固有値を含まなければ,

$$\boldsymbol{p}_k^{(n)} = \boldsymbol{x}_k \ \ (k \geq 0) \tag{5.31}$$

また，QR 法の系列 $\{A_k\}$ は

$$A_k = (a_{ij}^{(k)}) = \begin{pmatrix} A'_k & \bm{a}_k \\ \bm{a}_k^\mathrm{T} & a_{nn}^{(k)} \end{pmatrix} = \begin{pmatrix} A'_k & \bm{0} \\ \bm{0}^\mathrm{T} & \lambda \end{pmatrix} + o(1), \ k \to \infty \quad (5.32)$$

である．

対称行列 A の固有値 λ に対応する固有ベクトル $\bm{u}$ が $(\bm{u}, \bm{e}_n) \neq 0$ を満たすなら，5.2 節で見たようにシフトパラメータが $\sigma_k \cong \lambda$ のとき逆反復列 $\bm{p}_k^{(n)} = \bm{x}_k$ は急激に対応する固有ベクトルに収束し，同時に固有値 λ が A_k の (n,n) 要素として分離される．

数値計算上は，式 (5.32) で $\bm{a}_k$ が十分小さくなれば，定理 5.3 により，

$$A_k \cong \begin{pmatrix} A'_k & \bm{0} \\ \bm{0}^\mathrm{T} & a_{nn}^{(k)} \end{pmatrix}, \ \lambda \cong a_{nn}^{(k)}$$

として，一つの固有値 λ を確定し，問題を A'_k の固有値問題に帰着させる．このように，固有値を求めるのと同時に問題を次数の低い固有値問題に還元できるところが，単なる逆反復法に比べて QR 法が優れている点である．さらに QR 法では $\bm{a}_k$ のみならずすべての非対角要素の絶対値が等比数列的に小さくなる傾向がある．これは，A'_k の固有値問題を再び QR 法で解くことを容易にする．

5.6.1 既約対称三重対角行列に対する QR 法反復

既約対称三重対角行列

$$A = \begin{pmatrix} a_1 & b_1 & & O \\ b_1 & a_2 & \ddots & \\ & \ddots & \ddots & b_{n-1} \\ O & & b_{n-1} & a_n \end{pmatrix}, \ b_i \neq 0 \ (1 \leq i \leq n-1) \quad (5.33)$$

に対し，1 回の QR 反復

$$X = A - \sigma I = QR, Y = RQ, B = Y + \sigma I \quad (5.34)$$

5.6 対称三重対角行列に対する QR 法

を施し B を求める算法を示す.

対称三重対角行列 X の QR 分解には **Givens 変換** を用いる. Givens 変換は, 整数 l $(1 \leq l \leq n-1)$ と実数 a, b $(a^2 + b^2 > 0)$ で定義される n 次正方行列

$$G_l(a,b) = \begin{pmatrix} I_{l-1} & O & O \\ O & \hat{G}_l & O \\ O & O & I_{n-l-1} \end{pmatrix}, \hat{G}_l = \begin{pmatrix} c_l & -s_l \\ s_l & c_l \end{pmatrix}, \quad (5.35)$$

$$r_l = \sqrt{a^2 + b^2}, c_l = \cos\vartheta_l = a/r_l, s_l = \sin\vartheta_l = -b/r_l$$

による直交変換で, 第 $l, l+1$ 座標で角度 ϑ_l の回転を行う. この変換により, ベクトル $\boldsymbol{x}$ は第 $l, l+1$ 要素のみが

$$\begin{pmatrix} x_l \\ x_{l+1} \end{pmatrix} \longrightarrow \hat{G}_l \begin{pmatrix} x_l \\ x_{l+1} \end{pmatrix} = \frac{1}{r_l} \begin{pmatrix} ax_l + bx_{l+1} \\ bx_l - ax_{l+1} \end{pmatrix}$$

と変化する. とくに $x_{l+1} \neq 0$ のとき $a : b = x_l : x_{l+1}$ にとれば第 $l+1$ 要素が消去される.

さて, $X = A - \sigma I$ の対角要素を $x_i = a_i - \sigma (1 \leq i \leq n)$ と書く. 記号の統一をとるために $\dot{x}_1 = x_1$ とする. Givens 変換 $G_1 = G_1(\dot{x}_1, b_1)$ を X の左から掛けると, 変化するのは第 1, 2 行の非零要素を含む列である. その部分を書き出すと

$$\begin{pmatrix} \dot{x}_1 & b_1 & 0 \\ b_1 & x_2 & b_2 \end{pmatrix} \xrightarrow{G_1} \begin{pmatrix} \hat{x}_1 & \hat{b}_1 & \dot{d}_1 \\ 0 & \dot{x}_2 & \dot{b}_2 \end{pmatrix}$$

と変化し, (2,1) 要素 b_1 が消去され, 新たに非零要素 $\dot{d}_1$ が生じる. 続けて左から $G_2 = G_2(\dot{x}_2, b_2)$ を掛けると, 第 2, 3 行の非零要素を含む列が

$$\begin{pmatrix} \dot{x}_2 & \dot{b}_2 & 0 \\ b_2 & x_3 & b_3 \end{pmatrix} \xrightarrow{G_2} \begin{pmatrix} \hat{x}_2 & \hat{b}_2 & \dot{d}_2 \\ 0 & \dot{x}_3 & \dot{b}_3 \end{pmatrix}$$

と変化し, (3,2) 要素 b_2 が消去され, 新たに非零要素 $\dot{d}_2$ が生じる. このようにして, X に行列

$$G_l = G_l(\dot{x}_l, b_l) \ (l = 1, 2, \ldots, n-1) \quad (5.36)$$

を順番に左から掛け,

$$\begin{pmatrix} \hat{x}_l & \hat{b}_l & 0 \\ b_l & x_{l+1} & b_{l+1} \end{pmatrix} \xrightarrow{G_l} \begin{pmatrix} \hat{x}_l & \hat{b}_l & \hat{d}_l \\ 0 & \dot{x}_{l+1} & \dot{b}_{l+1} \end{pmatrix}$$

と $(l+1, l)$ 要素 b_l を消去して, 最終的に上三角行列

$$R = \begin{pmatrix} \hat{x}_1 & \hat{b}_1 & \hat{d}_1 & & & & O \\ & \hat{x}_2 & \hat{b}_2 & \hat{d}_2 & & & \\ & & \ddots & \ddots & \ddots & & \\ & & & & \hat{x}_{n-2} & \hat{b}_{n-2} & \hat{d}_{n-2} \\ & O & & & & \hat{x}_{n-1} & \hat{b}_{n-1} \\ & & & & & & \hat{x}_n \end{pmatrix} \quad (5.37)$$

$$= G_{n-1} G_{n-2} \cdots G_1 X$$

を得る. 行列 A の既約性から $r_l = \sqrt{\hat{x}_l^2 + b_l^2} \geq |b_l| > 0$ $(1 \leq l \leq n-1)$ ゆえ, G_l は破綻なく計算できる. これにより X の QR 分解

$$X = QR, Q = G_1^{\mathrm{T}} G_2^{\mathrm{T}} \cdots G_{n-1}^{\mathrm{T}} \quad (5.38)$$

が得られ,

$$Y = RQ, B = Y + \sigma I \quad (5.39)$$

である. 容易にわかるように Q は上 Hessenberg 行列である. R は上三角行列ゆえ, $Y = QR$ もまた上 Hessenberg 行列である. さらに $Y = Q^{\mathrm{T}} X Q$ は対称行列でもあるので, Y は再び対称三重対角行列になる.

以上の計算では, 式 (5.39) で Y の計算が終わるまで G_l $(1 \leq l \leq n-1)$ と $\hat{d}_l$ $(1 \leq l \leq n-2)$ をメモリに保持する必要がある. これを節約するため次のように変形する. 式 (5.38), (5.39) より

$$\begin{aligned} Y &= Q^{-1} X Q = G_{n-1} G_{n-2} \cdots G_1 X G_1^{\mathrm{T}} G_2^{\mathrm{T}} \cdots G_{n-1}^{\mathrm{T}} \\ &= G_{n-1}(G_{n-2} \cdots (G_2(G_1 X G_1^{\mathrm{T}}) G_2^{\mathrm{T}}) \cdots G_{n-2}^{\mathrm{T}}) G_{n-1}^{\mathrm{T}} \end{aligned} \quad (5.40)$$

である. これより,

$$\begin{aligned} X_0 &= X, \\ X_l &= (G_l \cdots G_1 X) G_1^{\mathrm{T}} \cdots G_l^{\mathrm{T}} = R_l Q_l \quad (1 \leq l \leq n-1) \end{aligned} \quad (5.41)$$

5.6 対称三重対角行列に対する QR 法

とおけば, $Y = X_{n-1}$ は漸化式

$$X_{l+1} = G_{l+1} X_l G_{l+1}^{\mathrm{T}} \quad (0 \leq l \leq n-2) \tag{5.42}$$

で計算できる.

簡単な考察から, 式 (5.41) の R_l, U_l はそれぞれ

$$R_l = G_l \cdots G_1 X = \begin{pmatrix} U_l & * \\ O & J_{n-l} \end{pmatrix},$$

$$Q_l = G_1^{\mathrm{T}} \cdots G_l^{\mathrm{T}} = \begin{pmatrix} K_{l+1} & * \\ O & I_{l-k-1} \end{pmatrix}$$

となり, U_l は l 次上三角行列, J_{n-l}, K_{l+1} はそれぞれ $n-l$ 次, $l+1$ 次の上 Hessenberg 行列, $I_n - l - 1$ は $n - l - 1$ 次単位行列であることがわかる. $X_l = R_l Q_l$ の 0 要素を注意深く確定していくと, X_l は上 Hessenberg 行列の本来零である $(l+2, l)$ 要素が零でなくなったものとなることがわかる. X_l は対称行列であるから, 結局

$$X_l = \begin{pmatrix} x_1 & b_2 & & & & & \\ b_2 & \ddots & \ddots & & & O & \\ & \ddots & x_l & b_l & c_l & & \\ & & b_l & x_{l+1} & b_{l+1} & & \\ & & c_l & b_{l+1} & x_{l+2} & \ddots & \\ & O & & & \ddots & \ddots & b_{n-1} \\ & & & & & b_{n-1} & a_n \end{pmatrix} \tag{5.43}$$

となり, 対称三重対角行列の $(l+2, l)$ 要素と $(l, l+2)$ 要素として c_l が付加された行列となる. また, $X_{l+1} = G_{l+1} X_l G_{l+1}^{\mathrm{T}}$ では $(l+2, l)$ 要素は 0 だから, G_{l+1} は X_l の要素 c_l を消去する Givens 変換 $G_{l+1} = G_{l+1}(b_l, c_l)$ として一意に決まる. 結局, この算法に必要なメモリは $\{x_i\}, \{b_i\}$ のための配列と, c_l のための単純変数のみとなる.

以上より，一回のシフト付 QR 反復は

$$\begin{aligned}
&X_0 = A_k - \sigma_k I, \\
&X_{l+1} = G_{l+1} X_l G_{l+1}^{\mathrm{T}}, G_{l+1} = G_{l+1}(b_l, c_l) \ (0 \leq l \leq n-2), \quad (5.44) \\
&A_{k+1} = X_{n-1} + \sigma_k I
\end{aligned}$$

となる．ただし，$l=0$ のときは $G_1 = G_1(a_1 - \sigma, b_1)$ である．これを**陽的シフト QR 法**と呼ぼう．

実際に使われる算法はさらに巧妙な**陰的シフト QR 法**；

$$\begin{aligned}
&\hat{X}_0 = A_k, \\
&\hat{X}_{l+1} = G_{l+1} \hat{X}_l G_{l+1}^{\mathrm{T}}, G_{l+1} = G_{l+1}(\hat{b}_l, \hat{c}_l) \ (0 \leq l \leq n-2), \quad (5.45) \\
&A_{k+1} = \hat{X}_{n-1}
\end{aligned}$$

である．ただし，$l=0$ のときは $G_1 = G_1(a_1 - \sigma, b_1)$ である．また，$\hat{b}_l, \hat{c}_l$ は $\hat{X}_l$ の $(l+1, l), (l+2, l)$ 要素である．

任意の直交行列 Q について，$Q(X_k + \sigma I)Q^{\mathrm{T}} = Q X_k Q^{\mathrm{T}} + \sigma I$ であるから，帰納法により，$\hat{X}_l = X_l + \sigma I \ (0 \leq l \leq n-1)$ である．ゆえに，$\hat{X}_l$ と X_l の非対角要素は等しい．とくに，$\hat{X}_l$ もまた三重対角行列に $(l+2, l)$ 要素と $(l, l+2)$ 要素が付加されたもので，$\hat{b}_l = b_l, \hat{c}_l = c_l$ である．したがって，陽的シフト QR 法 (5.44) と陰的シフト QR 法 (5.45) は等価である．

5.6.2　Wilkinson シフト

まず既約三重対角行列に対する QR 法の収束性について述べる．

[**定理 5.11**] 既約三重対角行列 A の任意の固有ベクトル $\boldsymbol{u}$ で $(\boldsymbol{u}, \boldsymbol{e}_n) \neq 0$ である．

この定理と定理 5.10 より，シフトパラメータを $\sigma_k \cong \lambda$ とすれば $\boldsymbol{x}_0 = \boldsymbol{e}_n$ を初期値とした逆反復法 (5.30) と QR 法は速やかに収束する．

固有値 λ の近似として $A_k = (a_{ij}^{(k)})$ の末尾の 2×2 部分行列

$$\begin{pmatrix} a_{n-1,n-1}^{(k)} & a_{n-1,n}^{(k)} \\ a_{n,n-1}^{(k)} & a_{n,n}^{(k)} \end{pmatrix}$$

の固有値で $a_{nn}^{(k)}$ に近い方を採用する方法を **Wilkinson** シフトという.

定理 5.12 Wilkinson シフトを用いた既約三重対角行列に対する QR 法で, $\left|a_{n,n-1}^{(k)}\right|$ は必ず 0 に収束する. 収束次数は 3 次である.

シフトパラメータ σ_k が固有値 λ と等しいとき, QR 法は理論的にはただ 1 回の反復で収束し, きわめて好都合である.

定理 5.13 QR 法で A_k が既約三重対角行列とする. シフトパラメータ σ_k が固有値 λ と等しいとき, A_{k+1} において直ちに $a_{n-1,n}^{(k+1)} = 0, a_{nn}^{(k)} = \lambda$ となる.

QR 法で求めた固有値に対する固有ベクトルは逆反復法によるか,

$$P_k = Q_1 Q_2 \cdots Q_k$$

を記録しておくことでその列ベクトルとして求めることができる. 前者は計算効率において優れ, 後者は固有ベクトルの直交性において優越している.

後者で高精度が要求されるときは, あらかじめ QR 法で固有値のみを求めておく. その固有値をシフトパラメータとして改めて QR 法を実行すれば, 収束に必要な Givens 変換の回数が激減し, 固有値・固有ベクトルに蓄積する丸め誤差を減らすことができる.

5.7 まとめ

主に対称行列について固有値問題の数値解法と誤差解析について概説した. ここで解説したアルゴリズムによる数値計算プログラムは, NUMPAC[3] や LAPACK[2] のものを入手し簡単に利用することができる. このようなプログラムを使われるとき, その長所や限界を理解するのに本稿が少しでも役に立てれば幸いである.

ご覧になったように, 固有値問題の算法は大変巧妙で美しい. 特に QR 法の理論とアルゴリズムは目を見張らせる. 紙面の都合で, 記述は必要最小限に止めざるを得なかった. また定理の証明はすべて省略した. この分野をさらに詳しく学びたい方には専門書 [1,4] をお薦めする.

第6章
特異値分解
~直交変換の果てに現れる行列の正体~

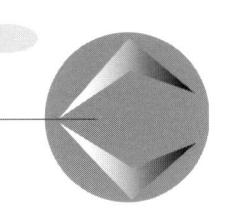

本章の目的

　行列の特異値分解は強力な数値計算のための道具であり，その適用範囲は科学技術計算のみならず，インターネット上のサーチエンジンにおいても用いられている．また，一般のユーザにとっても，Matlab や Octave, Scilab などの簡便な数値計算ツールの普及により，より身近なものとなった．

　本章では特異値分解の数値計算法について述べる．特異値分解は分解すべき行列の左右から直交変換をくり返し作用させることにより求められる．その直交変換の果てに得られるものは，元の行列からはうかがい知ることができない特異値が並んだ対角行列であり，これが行列の正体であるともいえる．

　直交変換は数値的に安定である．その安定な変換によって対角行列が得られるという意味は重要であり，それゆえ，特異値分解は強力な道具となり得るのである．反面，強力であるがゆえに，過度に多用されているようにも思われる．本章が読者にとって，日頃使っている道具の使い方についての再考の機会となれば幸いである．

6.1 行列の特異値分解の定義

まず，特異値分解の定義を与える．いま，実 $m \times n$ 行列全体の集合を $\mathbb{R}^{m \times n}$ とし，分解すべき行列を

$$A \in \mathbb{R}^{m \times n}, \quad m \geq n$$

とする．このとき，行列 A の分解

$$A = U\Sigma V^T \tag{6.1}$$

を A の特異値分解という．ここで

$$U \equiv [\boldsymbol{u}_1, \ldots, \boldsymbol{u}_n] \in \mathbb{R}^{m \times n}, \quad V \equiv [\boldsymbol{v}_1, \ldots, \boldsymbol{v}_n] \in \mathbb{R}^{n \times n}$$

は $U^T U = V^T V = I$ を満たす列正規直交行列であり，Σ は対角行列

$$\Sigma \equiv \mathrm{diag}(\sigma_1, \ldots, \sigma_n) \in \mathbb{R}^{n \times n}$$

であり，その対角成分は

$$\sigma_1 \geq \cdots \geq \sigma_n \geq 0$$

であるとする．そして，Σ の対角成分を**特異値**，U, V の列ベクトルをそれぞれ左，右**特異ベクトル**という．

特異値の平方 σ_i^2 は，AA^T ならびに $A^T A$ の固有値であり，対応する固有ベクトルはそれぞれ $\boldsymbol{u}_i, \boldsymbol{v}_i$ である．さらに，$\sigma_i, \boldsymbol{u}_i, \boldsymbol{v}_i$ には

$$\begin{aligned} A^T \boldsymbol{u}_i &= \sigma_i \boldsymbol{v}_i, \\ A \boldsymbol{v}_i &= \sigma_i \boldsymbol{u}_i \end{aligned}$$

の関係が成り立つ．また，A が対称行列ならば，固有値の絶対値が特異値と等しい．

このように，行列の特異値と固有値は密接な関係があり，特異値分解の数値計算においても固有値問題の解法が応用される．なお，以下では A は密行列であるとする．

6.2 特異値分解の数値計算法

さて，行列の特異値分解の数値計算法は，以下のように大きく二段階に分けることができる．

第一段階 行列 A に左右から直交変換を施し，二重対角行列 B に変換する．左右からの直交変換をそれぞれ $\tilde{U}, \tilde{V}$ で表すと，

$$A = \tilde{U} B \tilde{V}^T \tag{6.2}$$

である．

第二段階 上で得られた二重対角行列 B の特異値分解

$$B = \hat{U} \Sigma \hat{V}^T \tag{6.3}$$

を求める．

このうち，第一段階を**二重対角化**，第二段階を**対角化**と呼ぶ．これらは独立した計算法であり，それに対してさまざまな方法が考案されている．二重対角化は有限回の演算で完結する直接解法であり，その演算量は分解する行列のサイズに依存する．対角化は収束判定を伴う反復解法であり，厳密な意味での計算量の比較はむずかしい．ここでは代表的な数値計算法についての説明を行う．

特異値分解は A に対して左右から直交変換をくり返し行うことにより求めることができる．そして，これらの直交変換をまとめたものが特異ベクトル U, V であるが，この部分の計算が特異値分解の計算の大部分を占めている．二重対角化では約半分が，対角化ではほとんどすべてが特異ベクトルの計算に使われる．そのため，特異値のみが必要なときや**最小 2 乗問題**の求解などのように，必ずしも U, V のすべてが必要でない場合は，無駄な計算は避けるべきである．詳しくは，6.5 節と 6.6 節で述べる．

6.3 行列の二重対角化

行列の二重対角化法には

方法 1 左右から相互に **Householder** 変換を施す方法
方法 2 まず，Householder 変換を用いて行列の **QR 分解**を行い，次に得られた上三角行列に対して左右から**高速 Givens** 変換を施す方法

の 2 通りの方法がある．これらの方法は計算量の観点から，分解すべき行列の行数と列数の比によって使い分けられ，$m > \dfrac{5}{3}n$ ならば方法 2 が，そうでなければ方法 1 が用いられる．本節ではこれらの方法について述べる．

6.3.1 左右から Householder 変換を用いる方法

まず，左右から相互に Householder 変換を施す二重対角化法を説明する．いま，第 $k-1$ 段階目までの二重対角化

$$A^{(k-1)} \equiv \begin{pmatrix} d_1 & f_1 & & & & \\ & \ddots & \ddots & & & \\ & & d_{k-1} & f_{k-1} & & \\ & & & a_{kk}^{(k-1)} & \cdots & a_{kn}^{(k-1)} \\ & & & \vdots & \ddots & \vdots \\ & & & a_{mk}^{(k-1)} & \cdots & a_{mn}^{(k-1)} \end{pmatrix}$$

が得られたとする．ただし，$A^{(0)} \equiv A$ である．このとき，第 k 段階目の二重対角化は以下のように行う．

まず，ベクトル $\boldsymbol{w}_k^L$ を

$$\boldsymbol{w}_k^L \equiv \begin{pmatrix} 0 \\ \vdots \\ 0 \\ a_{kk}^{(k-1)} - d_k \\ a_{k+1,k}^{(k-1)} \\ \vdots \\ a_{mk}^{(k-1)} \end{pmatrix} \in \mathbb{R}^m, \quad d_k \equiv \pm \sqrt{\sum_{i=k}^{m} \left(a_{ik}^{(k-1)}\right)^2}$$

と定義し，行列

$$H_k^L \equiv I_m - \frac{1}{d_k \left(d_k - a_{kk}^{(k-1)}\right)} \bm{w}_k^L \bm{w}_k^{L^T} \in \mathbb{R}^{m \times m} \tag{6.4}$$

を $A^{(k-1)}$ の左から掛ける．ただし，d_k の複号は，桁落ちを避けるため，$a_{kk}^{(k-1)}$ の符号と逆にとる．すると

$$H_k^L A^{(k-1)} = \begin{pmatrix} d_1 & f_1 & & & & & \\ & \ddots & \ddots & & & & \\ & & d_{k-1} & f_{k-1} & & & \\ & & & d_k & \hat{a}_{k,k+1}^{(k-1)} & \cdots & \hat{a}_{kn}^{(k-1)} \\ & & & & \vdots & \ddots & \vdots \\ & & & & \hat{a}_{m,k+1}^{(k-1)} & \cdots & \hat{a}_{mn}^{(k-1)} \end{pmatrix}$$

が得られる．

次に，

$$\bm{w}_k^R \equiv \begin{pmatrix} 0 \\ \vdots \\ 0 \\ \hat{a}_{k,k+1}^{(k-1)} - f_k \\ \hat{a}_{k,k+2}^{(k-1)} \\ \vdots \\ \hat{a}_{kn}^{(k-1)} \end{pmatrix} \in \mathbb{R}^n, \quad f_k \equiv \pm \sqrt{\sum_{j=k+1}^n \left(\hat{a}_{kj}^{(k-1)}\right)^2}$$

とおき，行列

$$H_k^R \equiv I_n - \frac{1}{f_k \left(f_k - \hat{a}_{k,k+1}^{(k-1)}\right)} \bm{w}_k^R \bm{w}_k^{R^T} \in \mathbb{R}^{n \times n} \tag{6.5}$$

を $H_k^L A^{(k-1)}$ の右から掛けると

$$H_k^L A^{(k-1)} H_k^R = \begin{pmatrix} d_1 & f_1 & & & & \\ & \ddots & \ddots & & & \\ & & d_k & f_k & & \\ & & & a_{k+1,k+1}^{(k)} & \cdots & a_{k+1,n}^{(k)} \\ & & & \vdots & \ddots & \vdots \\ & & & a_{m,k+1}^{(k)} & \cdots & a_{mn}^{(k)} \end{pmatrix} \equiv A^{(k)}$$

となる.ただし,d_k と同様に,f_k の複号は $\hat{a}_{k,k+1}^{(k-1)}$ の符号と逆にとる.

以上の変換を $k = 1, \ldots, n$ について行えば A の二重対角化

$$H_n^L \cdots H_1^L A H_1^R \cdots H_{n-2}^R = \begin{pmatrix} d_1 & f_1 & & \\ & \ddots & \ddots & \\ & & \ddots & f_{n-1} \\ & & & d_n \end{pmatrix} \equiv B \in \mathbb{R}^{m \times n} \tag{6.6}$$

が得られる.ただし,$k = n - 1$ 以降は右からの Householder 変換は不要であり,$m = n$ ならば,このアルゴリズム自体が $k = n - 1$ まででよい.

上での変換行列 H_k^L, H_k^R は,定義式 (6.4) および (6.5) より正規直交行列であり,かつ対称行列であるから,式 (6.6) より

$$\tilde{U} \equiv H_1^L \cdots H_n^L, \quad \tilde{V} \equiv H_1^R \cdots H_{n-2}^R \tag{6.7}$$

とおけば,A の二重対角化 (6.2) が得られる.これら $\tilde{U}, \tilde{V}$ の計算は,たとえば $\tilde{U}$ であれば,まずサイズが $m \times n$ の単位行列を用意し,それに左から $H_n^L, H_{n-1}^L, \ldots, H_1^L$ の順に掛ければよい.このとき,行列 A の格納に用いた 2 次元配列は,$\tilde{V}$ もしくは $\tilde{U}$ の格納に再利用できる.

また,アルゴリズム中の $\hat{a}_{ij}^{(k-1)}, a_{ij}^{(k)}$ や $\tilde{U}, \tilde{V}$ の計算は,すべて各要素ごとに行い,Householder 変換 H_k^L, H_k^R は,行列として陽に構築することはない.これらの構成要素である $\boldsymbol{w}_k^L, \boldsymbol{w}_k^R$ は,d_k, f_k を除いて,それぞれ A を

格納した2次元配列の下三角部分と上三角部分に格納され，d_k, f_k は別に用意した二つの1次元配列に格納する．

左からの Householder 変換に**ピボット選択**を組み込んだ方法もある [89]．この方法はランク落ちを検知し，そのときのみピボット選択による行置換を行う．そのため，フルランクのときは n 回の条件判定が増えるだけで上で述べた方法と同じ結果となり，ランク落ちしている場合はサイズの小さな二重対角行列が得られる．二重対角行列のサイズが小さくなると，二重対角化での計算の手間が省けるだけでなく，対角化における計算も軽減することができる．これは特に特異ベクトルの計算において有利である．

6.3.2　QR 分解と高速 Givens 変換を用いる方法

分解すべき行列の行数と列数が逆に $m > \dfrac{5}{3}n$ となる場合は，以下の方法が用いられる．

まず，6.3.1 項で述べた Householder 変換を用いて A の QR 分解

$$A = QR, \quad Q \in \mathbb{R}^{m \times n}, R \in \mathbb{R}^{n \times n}$$

を求める．次に上三角行列 R の二重対角化を行うのであるが，ここでは簡単化のため 4×4 行列で説明する．まず，

$$R = \begin{pmatrix} * & * & * & * \\ & * & * & * \\ & & * & * \\ & & & * \end{pmatrix}$$

の右上の要素に着目し，この要素がゼロとなるような **Givens 変換**を右から作用させると

$$\begin{pmatrix} * & * & * & * \\ & * & * & * \\ & & * & * \\ & & & * \end{pmatrix} \begin{pmatrix} 1 & & & \\ & 1 & & \\ & & c & s \\ & & -s & c \end{pmatrix}^T = \begin{pmatrix} * & * & \overset{\downarrow}{*} & \overset{\downarrow}{0} \\ & * & * & * \\ & & * & * \\ & & + & * \end{pmatrix}$$

となり，4 行 3 列目の要素が非零となる．ただし，矢印は Givens 変換が作用された部分を表し，0 はその変換によりゼロとなった要素を，+ はゼロ要素が非零となったことを表す．

そして，この非零となった + の部分が再度ゼロとなるような Givens 変換を左から作用させると

$$\begin{pmatrix} 1 & & & \\ & 1 & & \\ & & c & s \\ & & -s & c \end{pmatrix} \begin{pmatrix} * & * & * \\ & * & * & * \\ & & * & * \\ & & + & * \end{pmatrix} = \begin{matrix} \to \\ \to \end{matrix} \begin{pmatrix} * & * & * \\ & * & * & * \\ & & * & * \\ & & 0 & * \end{pmatrix}$$

となる．以下同様に，Givens 変換を左右から相互に作用させ

$$\begin{matrix} & \downarrow & \downarrow & \\ \begin{pmatrix} * & * & 0 & \\ & * & * & * \\ & + & * & * \\ & & & * \end{pmatrix} \end{matrix} \Rightarrow \begin{matrix} \to \\ \to \end{matrix} \begin{pmatrix} * & * & & \\ & * & * & * \\ & 0 & * & * \\ & & & * \end{pmatrix} \Rightarrow \begin{matrix} & \downarrow & \downarrow & \\ \begin{pmatrix} * & * & & \\ & * & * & 0 \\ & & * & * \\ & & + & * \end{pmatrix} \end{matrix} \Rightarrow$$

$$\begin{matrix} \to \\ \to \end{matrix} \begin{pmatrix} * & * & & \\ & * & * & \\ & & * & * \\ & & 0 & * \end{pmatrix}$$

と行うことにより二重対角化が得られる．

二重対角化 (6.2) のための正規直交行列 $\tilde{U}, \tilde{V}$ は，QR 分解で得られた Q および $n \times n$ の単位行列に，R への左右からの Givens 変換をそれぞれ順次右から作用させることにより求めることができる．これならば $\tilde{U}$ を A に上書きできるため V 以外に余分な 2 次元配列を必要としないが，この段階で

6.3 行列の二重対角化

は $\tilde{U}$ の計算は行うべきではない．なぜなら，R の二重対角化を

$$R = \tilde{U}_1 B \tilde{V}^T$$

と表現すると，特異ベクトル U を求めるために，後述する対角化での Givens 変換を $\tilde{U}_1$ もしくは $\tilde{U}$ に右から作用させるが，$\tilde{U}_1$ の方が $\tilde{U}$ よりも行数が少ないため計算量が少ないからである．特に，この場合 $m > \frac{5}{3}n$ なので，余分に $n \times n$ の 2 次元配列が必要となっても，U の計算は $\tilde{U}_1$ に対角化のための Givens 変換を施したあとで，QR 分解の Householder 変換行列を作用させて求めるべきである．

同様の議論は 6.3.1 項で述べた方法 1 についても行える．このときも $m > n$ ならば $\tilde{U}$ を先に構築せずに，対角化での Givens 変換を別の $n \times n$ 行列に溜めておき，最後にこれに H_i^L を番号の逆順に左から掛けていけば少ない計算量で U を得ることができる．この方法では A 以外に別に 2 次元配列を用意しなければならないが，高々 $m \leq \frac{5}{3}n$ であることから，メモリに余裕があればこの方法を選択すればよいだろう．

さて，ここでは簡単のため通常の Givens 変換で説明したが，これでは計算量の意味で不利であり，**高速 Givens 変換**を用いるべきである．高速 Givens 変換にはさまざまな方法があるが，ここでは文献 [91] の方法を紹介する．

中に対角行列をはさんだ形の Givens 変換

$$\begin{pmatrix} c & s \\ -s & c \end{pmatrix} \begin{pmatrix} \gamma_1 & 0 \\ 0 & \gamma_2 \end{pmatrix} \begin{pmatrix} x \\ y \end{pmatrix} = \begin{pmatrix} r \\ 0 \end{pmatrix}$$

は，$|\gamma_1 x| \geq |\gamma_2 y|$ のとき

$$q = \frac{y}{x}, \quad p = \left(\frac{\gamma_1}{\gamma_2}\right)^2 q, \quad {\gamma_1'}^2 = \frac{\gamma_1^2}{1+pq}, \quad {\gamma_2'}^2 = \frac{\gamma_2^2}{1+pq}$$

とおけば

$$\begin{pmatrix} \gamma_1' & 0 \\ 0 & \gamma_2' \end{pmatrix} \begin{pmatrix} 1 & p \\ -q & 1 \end{pmatrix} \begin{pmatrix} x \\ y \end{pmatrix} = \begin{pmatrix} r \\ 0 \end{pmatrix}$$

と等価である．また，$|\gamma_1 x| < |\gamma_2 y|$ ならば，

$$q = \frac{x}{y}, \quad p = \left(\frac{\gamma_1}{\gamma_2}\right)^2 q, \quad {\gamma_1'}^2 = \frac{\gamma_2^2}{1+pq}, \quad {\gamma_2'}^2 = \frac{\gamma_1^2}{1+pq}$$

とおけば

$$\begin{pmatrix} \gamma_1' & 0 \\ 0 & \gamma_2' \end{pmatrix} \begin{pmatrix} p & 1 \\ -1 & q \end{pmatrix} \begin{pmatrix} x \\ y \end{pmatrix} = \begin{pmatrix} r \\ 0 \end{pmatrix}$$

が得られる．これを用いれば，行列 A に対する k 回の Givens 変換

$$G_k \cdots G_1 A$$

は，対角行列 D_{i-1} についての上の公式での変形を

$$G_i D_{i-1} = D_i P_i, \quad i = 1, \ldots, k$$

とし，D_0 として単位行列をとれば

$$G_k \cdots G_1 D_0 A = D_k P_k \cdots P_1 A$$

となる．このとき P_i は G_i に比べ非零かつ 1 ではない要素の数が 4 から 2 に減っているため，乗除算回数は約半分になる．また，対角行列の要素は 2 乗のままで値を保持すればよいので，平方根演算回数も軽減できる．最後に D_k の要素の平方根をとり，掛ければよい．

ただし，常に $0 \leq pq \leq 1$ であるため，対角行列 D_i の要素は単調減少する．多数の Givens 変換を作用させる場合は，アンダーフローを防止するため D_i の要素を定期的に監視し，必要があればスケーリングを行わなければならない．

以上が二重対角化の説明であるが，ここで紹介した二つの方法を組み合わせた方法も存在する．詳しくは文献 [94] を参照されたい．

6.4 二重対角行列の対角化

次に，二重対角行列 $B \in \mathbb{R}^{n \times n}$ の対角化について述べる．本節では現在もっともよく使われている**陰的シフト QR 法**を説明する．

6.4 二重対角行列の対角化

前節で得られた二重対角行列

$$B = \begin{pmatrix} d_1 & f_1 & & \\ & \ddots & \ddots & \\ & & \ddots & f_{n-1} \\ & & & d_n \end{pmatrix}$$

に対して，そのまま陰的シフト QR 法を適用するのは効率が悪い．まず B を

$$B = \begin{pmatrix} B_1 & & \\ & B_2 & \\ & & B_3 \end{pmatrix} \tag{6.8}$$

と分割する．ただし，B_3 は対角行列であり，B_2 は非対角要素がすべて非零な二重対角行列である．このとき B_3 の対角成分はすべて A の特異値となる．また，B_2 の対角成分はすべて非零であるとしてかまわない．なぜなら，もし d_i がゼロならば，同じ行の非対角成分 f_i も次のような左からの Givens 変換を行うことによりゼロに変換できるからである．

$$\begin{pmatrix} * & * & & \\ & & * & \\ & & * & * \\ & & & * \end{pmatrix} \Rightarrow \begin{matrix} \to \\ \to \end{matrix} \begin{pmatrix} * & * & & \\ & & 0 & + \\ & & * & * \\ & & & * \end{pmatrix} \Rightarrow \begin{matrix} \\ \to \\ \\ \to \end{matrix} \begin{pmatrix} * & * & & \\ & & & 0 \\ & & * & * \\ & & & * \end{pmatrix} \tag{6.9}$$

いま，B_2 を新たに B とおき，まず，B の 1 列目と 2 列目に作用するような Givens 変換を施す．このとき，$B^T B$ の右下 2×2 小行列

$$\begin{pmatrix} d_{n-1}^2 + f_{n-2}^2 & d_{n-1} f_{n-1} \\ d_{n-1} f_{n-1} & d_n^2 + f_{n-1}^2 \end{pmatrix} \tag{6.10}$$

の固有値のうち，小さい方を τ，$B^T B$ の 1 行 1 列成分，1 行 2 列成分である d_1^2 と $d_1 f_1$ に対して，

$$x = d_1^2 - \tau, \quad y = d_1 f_1$$

とおき，そして
$$\begin{pmatrix} c & s \\ -s & c \end{pmatrix} \begin{pmatrix} x \\ y \end{pmatrix} = \begin{pmatrix} * \\ 0 \end{pmatrix}$$
となるように c と s を決め，これを Givens 変換 T_1 とする．この T_1^T を B の右から作用させれば，たとえば $n=4$ とすると，

$$BT_1^T = \begin{pmatrix} \downarrow & \downarrow & & \\ * & * & & \\ + & * & * & \\ & & * & * \\ & & & * \end{pmatrix}$$

となり，2 行 1 列要素が非零となる．さらに，新たに非零になった要素を順次ゼロとするような Givens 変換を左右から相互に行えば

$$\begin{matrix} \rightarrow \\ \rightarrow \end{matrix} \begin{pmatrix} * & * & + & \\ 0 & * & * & \\ & & * & * \\ & & & * \end{pmatrix} \Rightarrow \begin{pmatrix} \downarrow & \downarrow & & \\ * & * & 0 & \\ & * & * & \\ & + & * & * \\ & & & * \end{pmatrix} \Rightarrow \begin{matrix} \rightarrow \\ \rightarrow \end{matrix} \begin{pmatrix} * & * & & \\ & * & * & + \\ & 0 & * & * \\ & & & * \end{pmatrix} \Rightarrow$$

$$\begin{pmatrix} \downarrow & \downarrow & & \\ * & * & & \\ & * & * & 0 \\ & & * & * \\ & & + & * \end{pmatrix} \Rightarrow \begin{matrix} \\ \\ \rightarrow \\ \rightarrow \end{matrix} \begin{pmatrix} * & * & & \\ & * & * & \\ & & * & * \\ & & 0 & * \end{pmatrix}$$

となり，再び二重対角行列が得られる．このときの左右からの Givens 変換をそれぞれ S_i, T_i とすると，この変換は，

$$\tilde{B} = S_{n-1} \cdots S_1 B T_1^T \cdots T_{n-1}^T \tag{6.11}$$

と書け，これより Givens 変換の直交性を用いて

$$\tilde{B}^T \tilde{B} = T_{n-1} \cdots T_1 B^T B T_1^T \cdots T_{n-1}^T$$

6.4 二重対角行列の対角化

が導かれる．これは，τ をシフトパラメータとした既約な対称三重対角行列 B^TB に対する陰的シフト QR 法の 1 反復に他ならない．また，τ は **Wilkinson** シフトパラメータであり，第 5 章であるように，この反復の収束はきわめて速い．

このパラメータを数値的に安定に求める公式は，文献 [86] の Algorithm 8.2.2 および文献 [94] の p.222 にある．もしくは，上三角行列

$$\begin{pmatrix} d_{n-1} & f_{n-1} \\ 0 & d_n \end{pmatrix}$$

の小さい方の特異値 σ を求め，$\tau = \sigma^2$ としてもよい．この 2×2 上三角行列の特異値分解を高精度で求める FORTRAN のプログラムが文献 [80] の付録に記載されている．

以下に二重対角行列の対角化の算法をまとめる．

1. 行列 B の非対角要素のゼロ判定を

$$|f_i| \leq \varepsilon(|d_i| + |d_{i+1}|), \quad i = 1, \ldots, n-1$$

 の条件を用いて行い，条件を満たす f_i をすべてゼロにおく．

2. 式 (6.8) のように B を分割する．このとき，B_3 が B 全体となれば対角化終了．

3. B_2 の対角成分のゼロ判定を

$$|d_i| \leq \varepsilon \|B\|$$

 の条件を用いて行う．もしゼロと判断された要素があれば，その要素と同じ行の非対角要素を算法 (6.9) を用いてゼロに変換し 1. に戻る．

4. B_2 に陰的シフト QR 法の変換 (6.11) を適用し，1. に戻る．

ここで，$\varepsilon > 0$ は丸めの単位であり，3. の $\|\cdot\|$ は任意の行列ノルムである．特異ベクトル U, V は，対角化のために用いる左右からの Givens 変換をそれぞれ $\tilde{U}$（もしくは $\tilde{U}_1$）と $\tilde{V}$ に反映させることにより求められる．

ただし，Wilkinson シフトは特異値が大きい順に並ぶ保証はない．必要に応じて特異値ならびに U, V の順序を入れ換えればよい．また，この算法で得られた対角行列は負の要素を含むこともあり得る．そのときは絶対値をとり，対応する U もしくは V の列ベクトルの要素の符号を逆転させればよい．

6.5 特異ベクトルの必要性

特異値と特異ベクトルを求めるための必要な計算時間の差はどの程度なのだろうか．比較の例として，$[-1, 1]$ 区間で生成された一様乱数を要素にもつ $1,000 \times 1,000$ 行列の二重対角化と対角化に要した計算時間を表 6.1 に示す．実験は Pentium4 (2GHz)，メモリ 512Mbyte 搭載のパーソナルコンピュータを用いて，計算はすべて倍精度実数，言語は C で行った．オペレーティングシステムは FreeBSD 5.3，コンパイラは gcc version 3.4.2 である．

表 6.1　二重対角化と対角化の計算時間の比較（秒）

	二重対角化	対角化	合計
Σ, U, V	50.43	48.89	99.32
Σ	19.70	0.29	19.99
$\Sigma, U^T\boldsymbol{b}, V$	31.79	23.58	55.37

表は，特異値分解の計算において，U, V を求めた場合，U, V を求めなかった場合，ベクトル $\boldsymbol{b}$ に対して $U^T\boldsymbol{b}$ と V を求めた場合の二重対角化と対角化に要した計算時間であり，単位は秒である．この数値例から，U, V 計算の有無の差は大きく，特に対角化において顕著であり，対角化における計算の大部分が特異ベクトルの計算に費やされていることがわかる．

後述する線形方程式 $A\boldsymbol{x} = \boldsymbol{b}$ の最小 2 乗問題では，ただ一つの $\boldsymbol{b}$ に対しての求解であれば U は陽には必要なく，$U^T\boldsymbol{b}$ と V が求まればよい．$U^T\boldsymbol{b}$ は特異値分解の過程で行った A に対する左からのすべての直交変換を $\boldsymbol{b}$ に対しても行うことで求めることができる．これにより大幅に計算時間を節約できる．

また，すべての特異ベクトルが必要でないのであれば，まず対角化におい

て特異ベクトルの計算は行わずに特異値のみを求め，その後に必要な特異ベクトルを逆反復法で求める方法もある．しかし，この方法は特異値が重複もしくは近接している場合，直交性を保った特異ベクトルを求めることが困難である．

表 6.2 特異値分解に必要な計算量の比較

	方法 1	方法 2
Σ, U, V	$(3+C)mn^2 + \frac{11}{3}n^3$	$3mn^2 + 2(C+1)n^3$
Σ, U	$(3+C)mn^2 - n^3$	$3mn^2 + (C+\frac{4}{3})n^3$
Σ, V	$2mn^2 + Cn^3$	$mn^2 + (C+\frac{5}{3})n^3$
Σ	$2mn^2 - \frac{2}{3}n^3$	$mn^2 + n^3$

参考のために，それぞれの二重対角化法を用いたときの計算量の概算を表 6.2 に与える [83]．ただし，対角化のための陰的シフト QR 法は，一つの特異値に対して 2 回反復が必要であったと仮定した計算量である．また，表中の C は，対角化における特異ベクトルの計算で，通常の Givens 変換を用いたときは 4 であり，高速 Givens 変換のときは 2 である．

6.6 最小 2 乗問題への適用

特異値分解の代表的な適用は，線形方程式

$$Ax = b \tag{6.12}$$

の最小 2 乗問題である [82, 92]．

方程式 (6.12) の最小 2 乗問題

$$\min_{\boldsymbol{x} \in \mathbb{R}^n} \|A\boldsymbol{x} - \boldsymbol{b}\|_2^2$$

は，A がランク落ちの場合一意解をもたない．しかし，最小 2 乗解の中で，ノルム最小となるベクトルを近似解として採用するならば，方程式は常に一意解をもつ．これを**最小 2 乗最小ノルム解**という．最小 2 乗最小ノルム解 $\boldsymbol{x}_0$ は，M を最小 2 乗解全体の集合とすると，

$$\|\boldsymbol{x}_0\|_2^2 = \min_{\boldsymbol{x} \in M} \|\boldsymbol{x}\|_2^2$$

と書くことができる．いま，A のランクを r，すなわち

$$\sigma_1 \geq \cdots \geq \sigma_r > 0, \quad \sigma_{r+1} = \cdots = \sigma_n$$

とすると，$\bm{x}_0$ は特異値分解を用いて

$$\bm{x}_0 = \sum_{i=1}^{r} \frac{\bm{u}_i^T \bm{b}}{\sigma_i} \bm{v}_i \tag{6.13}$$

と表すことができる．これは

$$\Sigma_r \equiv \mathrm{diag}(\sigma_1, \ldots, \sigma_r), \quad U_r \equiv [\bm{u}_1, \ldots, \bm{u}_r], \quad V_r \equiv [\bm{v}_1, \ldots, \bm{v}_r]$$

とすると

$$A^\dagger \equiv V_r \Sigma_r^{-1} U_r^T$$

が，最小 2 乗最小ノルム解を与える Moore-Penrose の一般逆行列の 4 条件 [92] を満たすことから示される．また，前述したように，最小 2 乗最小ノルム解を求めるためには $U^T \bm{b}$ と V が必要であり，U は不要であることも式 (6.13) からわかる．

しかし，最小 2 乗最小ノルム解を求める方法は特異値分解だけではなく，**ピボット選択付 QR 分解**を用いても求めることができる．しかも，こちらの方が計算量は少ない．

行列 A のランクが r のとき，行列 A^T にピボット選択付 QR 分解を行い，さらに得られた下台形行列に QR 分解を行えば，A の分解

$$A = U_R R V_R^T$$

が得られる．逆に，A に対してピボット選択付 QR 分解，そして得られた上台形行列の転置に QR 分解を行えば，A の分解は

$$A = U_L L V_L^T$$

となる．これらはそれぞれ URV 分解，ULV 分解と呼ばれている [87]．ただし，$R, L \in \mathbb{R}^{r \times r}$ は上三角，下三角行列，$U_{(R,L)} \in \mathbb{R}^{m \times r}, V_{(R,L)} \in \mathbb{R}^{n \times r}$ は列正規直交行列である．これより

$$V_R R^{-1} U_R^T, \quad V_L L^{-1} U_L^T$$

とすれば，これらの行列が Moore-Penrose の一般逆行列の 4 条件を満たすことは容易に確かめられる．すなわち，問題が悪条件でなければ最小 2 乗最小ノルム解の求解に特異値分解を用いる必要はない．

悪条件問題の代表的な解法としては**打ち切り特異値分解法** (Truncated SVD, TSVD) と **Tikhonov** の正則化法がある．TSVD 法は最小 2 乗最小ノルム解の特異値分解を用いての表現 (6.13) を k で打ち切った

$$x_k \equiv \sum_{i=1}^{k} \frac{u_i^T b}{\sigma_i} v_i$$

を近似解とする方法であり，Tikhonov の正則化法はあるパラメータ λ に対して，方程式

$$(A^T A + \lambda^2 I)x = A^T b$$

の解を近似解とする方法である．ちなみに，この方程式の解は特異値分解を用いて

$$x_\lambda \equiv \sum_{i=1}^{r} \left(\frac{\sigma_i}{\sigma_i^2 + \lambda^2} u_i^T b \right) v_i$$

と表すことができる．これらの方法を用いるときの本質的な問題は，打ち切り項数 k ならびにパラメータ λ の選択にあり，それに対して，さまざまな選択法が提案されている．それらの選択法の多くは σ_i と $u_i^T b$ の情報を利用して判定を行う．そのため，悪条件問題においても U を陽に求める必要はない．悪条件問題の詳細については文献 [87] を参照されたい．また，悪条件問題に対して特異値分解を使わずに，QR 分解を用いた数値解法の研究もある [88, 90]．

6.7 まとめ

行列の特異値分解は便利な道具であるが，LU 分解などの直接解法に比べ計算量が多いという欠点をもつ．そのため，使用法を間違うと無駄な計算を伴うこととなり，時間や計算機資源を浪費することになる．適切な使用を心掛けるべきである．

使用法に応じたプログラムをユーザが最初から作成するのは現実的ではない．そのコーディングは，LU 分解や Cholesky 分解などに比べてむずかしく，複雑であり，慎重な作業が必要とされるからである．一般のユーザはプロの作ったプログラムを利用するのが賢明であろう．幸い，高品質なソフトウェアがいくつか存在する．

NUMPAC [96] には特異値分解を求めるプログラムと，特異値分解を使って最小 2 乗最小ノルム解を求めるプログラムがある．特に，後者のプログラムは U を求めずに求解を行うことができる．また，**LAPACK** [95] にはこれらを求めるプログラム以外に，ここでは取り上げなかった文献 [85] の算法を基にしたプログラムも含まれている．さらに，プログラム [84] では，U を求めずに $U^T \boldsymbol{b}$ のみを求めることができ，悪条件問題への適用などに便利である．

ここでは密行列に対しての特異値分解を取り扱ってきたが，大規模疎行列の特異値分解のための数値計算法も提案されている．もちろん，この場合はすべての特異値・特異ベクトルを求めるのではなく，主に大きいものから必要個数のみを求める方法である．この問題に対するソフトウェアとしては SVDPACK [97] が有名であり，このディレクトリの中に含まれる文献 [81] にさまざまな算法についての解説がある．また，大規模疎行列の固有値問題に関する解説書としては，文献 [93] が参考になるだろう．

第7章
曲線の推定と図形処理
~優雅な白鳥は水面下で懸命な足掻き~

　　本章の目的
　関数のグラフを描く場合，xy 平面上に与えられたいくつかの点を滑らかに結ぶ．このように少ない点の情報から元の関数を推定する方法を述べる．ここでは，描く範囲をいくつかの小区間に区切って，各小区間を次数の低い多項式で近似する**区分的多項式**を用いる．区間のつなぎ目で折れ曲がることのないようにして，描かれる曲線の滑らかさを保つ方法を考える．区分的多項式を用いて描かれる曲線は滑らかで美しいが，表現する数式とアルゴリズムは複雑なものになるというのが，副題の意味するところである．

7.1 曲線を推定するとは

曲線を推定するとは，xy 平面上に離散的な点が与えられたとき，これらの点はある関数のグラフ上の点であると仮定して，その関数の性質を反映した近似関数を組み立てることを意味する．直線上の $n+1$ の離散点 $a = x_0 < x_1 < \cdots < x_n = b$ において，$y_i = f(x_i)$ が与えられたとする．すなわち，平面上に点列 $P_i(x_i, y_i), i = 0, 1, \ldots, n$ が与えられたとする．このとき，これらの点列を結んでグラフを描くことを考える．たとえば，関数 $f(x) = 1/(1+25x^2)$ について，等間隔の補間点

$$(-1, 0.03846), (-0.75, 0.06639), (-0.5, 0.13793), (-0.25, 0.39024),$$
$$(0, 1), (0.25, 0.39024), (0.5, 0.13793), (0.75, 0.06639), (1, 0.03846)$$

を通る補間多項式は，Lagrange 補間公式あるいは Newton 補間公式により簡便に表すことができる．点の個数が $n+1$ のとき，それは通常，n 次の多項式である．また，それらの公式を用いれば，その多項式のグラフを描くのは容易である．図 7.1 に，与えられた 9 個の黒丸で示した点を通る 8 次の補間多項式を実線で示す．図中の破線は関数 $f(x) = 1/(1+25x^2)$ のグラフである．図で見るように，この補間多項式は区間の両端で大きくうねるという欠点がある [103]．この傾向は与えられた点の数が多い（近似多項式の次数

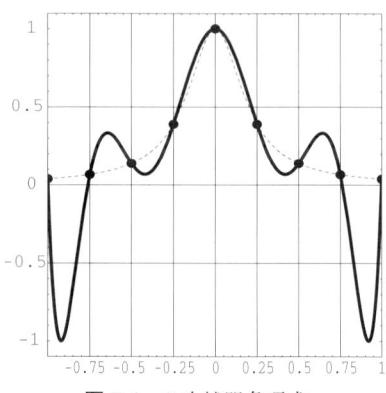

図 7.1 8 次補間多項式

が大きい）ほど顕著になる．このようなうねりを抑えるために，補間点を等間隔ではなく，Chebyshev 点列に選ぶ方法がある [103]．しかし，いつでもそのような点列を選べるとは限らない．ここでは与えられる点が多くなっても，点列から大きく離れないような近似関数を得ることを考える．そのために，隣り合う点を直線で結ぶのも一つの近似方法でしばしば使われる．このとき，グラフは点のところで折れ曲がりが生じて滑らかさを失う．ここでは，折れ曲がりのない滑らかな曲線を得る方法として次のことを考える．

- 小区間に分けて，各区間を次数の低い多項式で近似し，
- つなぎ目で折れ曲がらない（導関数の連続性を保つ）ようにする

近似する区間の中で滑らかさを保つために，各小区間ごとに別々の多項式で表し，それらをつなぎ合わせて組み立てられる多項式を**区分的多項式**という．本章では，区分的多項式を用いた曲線の推定法として，離散点 x_i 上の関数値 y_i のほかに，微分係数 y'_i を利用する**区分的 Hermite 補間**，導関数の連続性を保つように組み立てる**補間スプライン**について述べる．

7.2 区分的 Hermite 補間

　折れ線グラフは 1 次の区分的多項式であり，与えられた点で，関数値は連続であるが 1 次微分係数が不連続である．このために滑らかさが失われ，区間内の点での微分係数を近似したい場合には使えない．ここでは，与えられた点での関数値の他に，微分係数も使うことにより折れ曲がりのない近似関数を与える区分的 Hermite 補間法について述べる．

　まず，小区間 $[A,B]$ において $A = X_0 < X_1 < \cdots < X_N = B$ の $N+1$ 個の離散点上で，関数値 Y_j と微分係数 $Y'_j, j = 0, 1, \ldots, N$ が与えられたとき，関数 $F(x)$ は次のように書くことができる場合を扱う．

$$F(x) = \sum_{j=0}^{N} H_j(x) Y_j + \sum_{j=0}^{N} \bar{H}_j(x) Y'_j + E(x) \tag{7.1}$$

$$Y(x) = \sum_{j=0}^{N} H_j(x) Y_j + \sum_{j=0}^{N} \bar{H}_j(x) Y'_j \tag{7.2}$$

$Y(x)$ は関数 $F(x)$ の近似補間多項式で $H_j(x), \bar{H}_j(x)$ はともに多項式である. $H_j(x), \bar{H}_j(x)$ を次のような**補間条件**を満たすように決める.

$$\begin{cases} H_j(X_k) = \delta_{jk}, & \bar{H}_j(X_k) = 0, & j, k = 0, 1, \ldots, N \\ H'_j(X_k) = 0, & \bar{H}'_j(X_k) = \delta_{jk}, & j, k = 0, 1, \ldots, N \end{cases} \quad (7.3)$$

すなわち,

$$\begin{cases} E(X_j) = 0 & j = 0, 1, \ldots, N \\ E'(X_j) = 0 & j = 0, 1, \ldots, N \end{cases} \quad (7.4)$$

の $2(N+1)$ 個の条件を満たす $2N+1$ 次近似多項式 $Y(x)$ は

$$\begin{cases} H_j(x) = \left(1 - 2(x - X_j)L'_j(X_j)\right) L_j^2(x) \\ \bar{H}_j(x) = (x - X_j)L_j^2(x), & j = 0, 1, \ldots, N \end{cases} \quad (7.5)$$

を用いて表すことができる [98]. ここで,

$$\begin{aligned} p_{N+1}(x) &= (x - X_0)(x - X_1) \cdots (x - X_N) \\ L_j(x) &= \frac{p_{N+1}(x)}{(x - X_j)p'_{N+1}(X_j)} \end{aligned} \quad (7.6)$$

次に, 区間 $[a,b]$ を $a = x_0 < x_1 < \cdots < x_n = b$ と n 分割する離散点として, この中の小区間 $[x_i, x_{i+1}]$ (前述の $[A, B]$ に相当する) の両端における関数値 y_i, y_{i+1} と微分係数 y'_i, y'_{i+1} を用いた, 区間 $[x_i, x_{i+1}]$ 内での 3 次 Hermite 補間多項式 $Y_i(x)$, およびその導関数 $Y'_i(x)$ は, 式 (7.2) において $N = 1$ とおくことにより次のようになる. 簡単のために,

$$a_i = x_{i+1} - x_i, \quad s = \frac{x - x_i}{a_i}, \quad 0 \leq s \leq 1 \quad (7.7)$$

とおいて,

$$Y_i(x) = h_i(s)y_i + h_{i+1}(s)y_{i+1} + a_i \left(\bar{h}_i(s)y'_i + \bar{h}_{i+1}(s)y'_{i+1}\right) \quad (7.8)$$

$$Y'_i(x) = \frac{1}{a_i} \left(h'_i(s)y_i + h'_{i+1}(s)y_{i+1}\right) + \bar{h}'_i(s)y'_i + \bar{h}'_{i+1}(s)y'_{i+1} \quad (7.9)$$

7.2 区分的 Hermite 補間

とすると，$h_i(s), \bar{h}_i(s)$ の 3 次多項式の具体形は次のようになる．

$$
\begin{array}{llll}
h_i(s) & = 1 - 3s^2 + 2s^3 & \bar{h}_i(s) & = s(s-1)^2 \\
h_{i+1}(s) & = 3s^2 - 2s^3 & \bar{h}_{i+1}(s) & = s^2(s-1) \\
h'_i(s) & = 6s(s-1) & \bar{h}'_i(s) & = (s-1)(3s-1) \\
h'_{i+1}(s) & = 6s(1-s) & \bar{h}'_{i+1}(s) & = s(3s-2)
\end{array} \tag{7.10}
$$

以上の結果を用いて，区間 $[a,b]$ に対する求めるべき 3 次区分的 Hermite 多項式による近似関数 $H(x)$ および近似導関数 $H'(x)$ は，式 (7.8) と (7.9) を重ね合わせることによって次式で表される．

$$H(x) = \sum_{i=0}^{n-1} \nu_i(x) Y_i(x), \quad H'(x) = \sum_{i=0}^{n-1} \nu_i(x) Y'_i(x) \tag{7.11}$$

$$\nu_i(x) = \begin{cases} 1 & x_i \leq x \leq x_{i+1} \\ 0 & x < x_i, x_{i+1} < x \end{cases} \tag{7.12}$$

図 7.1 で用いた山型の関数 $f(x) = 1/(1 + 25x^2)$ について，区間 $[-1, 1]$ を 8 等分割する 9 個の点列を用いて，3 次区分的 Hermite 補間を行った結果を図 7.2 に示す．太い実線の近似関数はほとんど真の関数 $f(x)$ に重なり，図 7.1 に見られるようなうねりがないことがわかる．この場合の絶対誤差は細い実線で示すように，区間中央付近で最大 0.035 程度と小さい．近似導関数については，図 7.3 に示す．破線は真の関数 $f'(x)$，太い実線は近似導関数，細い実線は絶対誤差を示す．近似導関数は関数値の大きなところでやや真値から離れるが，誤差の大きさは 0.45 程度である．関数値および 1 次微分係数の近似値が真値から大きくずれてうねるような現象は抑えられる．

区分的 Hermite 補間では，離散点上での微分係数を必要とするが，微分係数が得られない場合には，差分近似による値で，微分係数の代用とすれば，関数値のみから 1 次導関数まで連続な折れ曲がりのない近似式多項式を組み立てることができる．この点で区分的 Hermite 補間法は，図形処理において有用な近似方法の一つである．

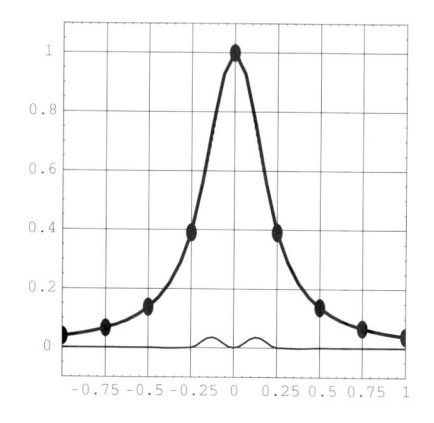

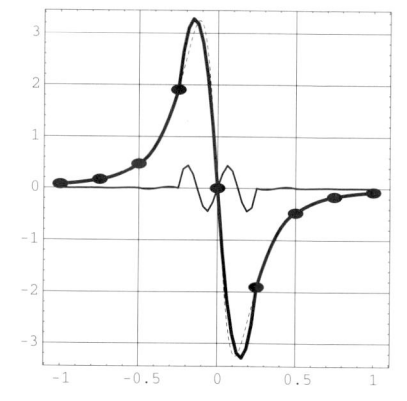

図 7.2 3 次区分的 Hermite 補間多項式と絶対誤差

図 7.3 3 次区分的 Hermite 補間多項式の導関数と絶対誤差

7.3 スプライン補間

　補間したい区間全域を一つの多項式で近似することには無理がある．そこで，補間したい区間を小区間に分けて各区間を別々の多項式とし，全区間では適当な滑らかさをもつようにする補間法としてスプライン補間法を考える．「スプライン」という言葉は，図形を描くときに使う「自在定規」のことである．図形処理において「適当ななめらかさをもった曲線」を描くには，3 次スプラインが実用的である．ここでは，**3 次スプライン補間**と数値計算上有用な **B スプライン**について述べる．

7.3.1　3 次スプライン補間

　区間 $[a, b]$ を n 分割する離散点

$$\Delta : a = x_0 < x_1 < \cdots < x_n = b \tag{7.13}$$

において，$f_i = f(x_i)$ が与えられたとする．このとき，次の条件を満足する関数 $S(x)$ を，Δ 上で $f(x)$ を補間する 3 次補間スプラインという．

1) $S(x)$ は $[a, b]$ の各部分開区間 (x_i, x_{i+1}) では高々 3 次の多項式であり，
2) 全区間 $[a, b]$ で，$S(x)$ およびその 1 次，2 次導関数が連続であり，

7.3 スプライン補間

3) $S(x_i) = f(x_i), i = 0, 1, \ldots, n$ である.

後でわかるようにこの3条件だけでは $S(x)$ は一意的には決まらない. あと二つ条件が必要になる. 通常, これを両端において付加するので端条件ということがある.

条件1)から $S(x)$ の2次導関数は部分区間 (x_i, x_{i+1}) において1次式であり, 区間 $[a, b]$ で連続であるから, $S''(x)$ は折れ線である. したがって

$$S''(x_i) = M_i, \quad i = 0, 1, \ldots, n \tag{7.14}$$

とおくと, $S''(x)$ は $x_i < x < x_{i+1}, i = 0, 1, \ldots, n-1$ において,

$$S''(x) = M_i \frac{x_{i+1} - x}{h_i} + M_{i+1} \frac{x - x_i}{h_i}$$
$$h_i = x_{i+1} - x_i \tag{7.15}$$

で与えられる. 式 (7.15) を2回積分すると

$$S(x) = M_i \frac{(x_{i+1} - x)^3}{6h_i} + M_{i+1} \frac{(x - x_i)^3}{6h_i} + c_i x + d_i \tag{7.16}$$

を得る. ここで, c_i, d_i は積分定数である. さらに条件3)の

$$S(x_i) = f_i, \quad S(x_{i+1}) = f_{i+1} \tag{7.17}$$

より, c_i, d_i が決まり, 式 (7.16) は結局,

$$\begin{aligned} S(x) &= M_i \frac{(x_{i+1} - x)^3}{6h_i} + M_{i+1} \frac{(x - x_i)^3}{6h_i} \\ &+ \left(f_i - \frac{M_i h_i^2}{6}\right) \frac{x_{i+1} - x}{h_i} + \left(f_{i+1} - \frac{M_{i+1} h_i^2}{6}\right) \frac{x - x_i}{h_i} \end{aligned} \tag{7.18}$$

となる. このようにして得られる関数 $S(x)$ は全区間 $[a, b]$ で連続で, 同時に2次導関数も連続であるが, 1次導関数が連続であるとは限らない. そこで, つなぎ目の点 $x_i, i = 1, 2, \ldots, n-1$ で1次導関数が連続となるような条件を導く. 式 (7.18) をあらためて微分すると

$$S'(x) = -M_i \frac{(x_{i+1} - x)^2}{2h_i} + M_{i+1} \frac{(x - x_i)^2}{2h_i} + \frac{f_{i+1} - f_i}{h_i} - \frac{M_{i+1} - M_i}{6} \cdot h_i \tag{7.19}$$

となる．この式から，$n-1$ 個のつなぎ目 $x = x_i$ において，左微分係数 $S'(x_i-)$ と右微分係数 $S'(x_i+)$ が等しくなければならない．この結果として次の関係式が得られる．

$$\frac{h_{i-1}}{6}M_{i-1} + \frac{h_{i-1}+h_i}{3}M_i + \frac{h_i}{6}M_{i+1} = \frac{f_{i+1}-f_i}{h_i} - \frac{f_i-f_{i-1}}{h_{i-1}}$$
$$i = 1, 2, \ldots, n-1 \tag{7.20}$$

上式は $M_i, i = 0, 1, \ldots, n$ を未知数とする $n-1$ 元の連立 1 次方程式である．未知数の個数は $n+1$ 個であるから，このままでは解は一意的に定まらない．あと 2 つの条件が必要である．

さて，式 (7.20) において，簡単のために次の記号を定義する．

$$\begin{cases} \sigma_i = \dfrac{f_{i+1}-f_i}{h_i} & , i = 1, 2, \ldots, n-1 \\ \lambda_i = \dfrac{h_{i-1}}{h_{i-1}+h_i}, \quad \mu_i = 1 - \lambda_i & , i = 1, 2, \ldots, n \\ d_i = \dfrac{6(\sigma_i - \sigma_{i-1})}{h_{i-1}+h_i} & , i = 1, 2, \ldots, n \end{cases} \tag{7.21}$$

これらを用いると，式 (7.20) は

$$\mu_i M_{i-1} + 2M_i + \lambda_i M_{i+1} = d_i, \quad i = 1, 2, \ldots, n-1 \tag{7.22}$$

となる．

次に，4 種類の端条件を考え，それぞれについて連立 1 次方程式がどのような形になるかを述べる．

タイプ I の補間スプライン

両端における 1 次微分係数，$f'(a), f'(b)$ が与えられるとする．

$$S'(x_0+) = f'(a), \quad S'(x_n-) = f'(b) \tag{7.23}$$

とおくと，式 (7.19) を参考にして，

$$\begin{cases} 2M_0 + M_1 = d_0 &= \dfrac{6}{h_0}\left(\dfrac{f_1-f_0}{h_0} - f'(a)\right) \\ M_{n-1} + 2M_n = d_n &= \dfrac{6}{h_{n-1}}\left(f'(b) - \dfrac{f_n-f_{n-1}}{h_{n-1}}\right) \end{cases} \tag{7.24}$$

を得る．式 (7.22) と組み合わせると，次の $n+1$ 元連立 1 次方程式を得る．

$$\begin{pmatrix} 2 & \lambda_0 & 0 & 0 & \cdots & \cdots & \cdots & 0 \\ \mu_1 & 2 & \lambda_1 & 0 & \cdots & \cdots & \cdots & 0 \\ 0 & \mu_2 & 2 & \lambda_2 & 0 & \cdots & \cdots & 0 \\ 0 & \cdots & \ddots & \ddots & \ddots & \ddots & \ddots & \vdots \\ \vdots & \cdots & \cdots & \ddots & \ddots & \ddots & \ddots & \vdots \\ \vdots & \cdots & \cdots & \cdots & \ddots & 2 & \lambda_{n-2} & 0 \\ 0 & \cdots & \cdots & \cdots & 0 & \mu_{n-1} & 2 & \lambda_{n-1} \\ 0 & \cdots & \cdots & \cdots & \ddots & 0 & \mu_n & 2 \end{pmatrix} \begin{pmatrix} M_0 \\ M_1 \\ M_2 \\ \vdots \\ \vdots \\ M_{n-2} \\ M_{n-1} \\ M_n \end{pmatrix} = \begin{pmatrix} d_0 \\ d_1 \\ d_2 \\ \vdots \\ \vdots \\ d_{n-2} \\ d_{n-1} \\ d_n \end{pmatrix}$$
(7.25)

これを解いて $M_i, i=0,1,\ldots,n$ を求めて，式 (7.18) に代入して，任意の x における補間値を得ることができる．

タイプ II の補間スプライン

両端における 2 次微分係数の値を零とおく．すなわち $M_0 = f''(a) = 0, M_n = f''(b) = 0$ なる条件が与えられるとする．式 (7.22) から，$n-1$ 元連立 1 次方程式を解いて，$M_i, i=1,2,\ldots,n-1$ を求め，さらにこのように与えられている M_0, M_n を使い，式 (7.18) に代入して，任意の x における補間値を得ることができる．通常，これは自然スプラインと呼ばれる．

タイプ III の補間スプライン

$a = x_0$ の左端に x_{-1} を適当にとり，区間 $[x_0, x_1]$ における 2 次導関数を左へ延長した直線が点 $(x_{-1}, 0)$ を通るようにする．まず，$[x_0, x_1]$ において

$$S''(x) = \frac{M_0(x_1 - x) + M_1(x - x_0)}{h_0} \tag{7.26}$$

であり，$S''(x_{-1}) = 0$ であることから，方程式

$$\begin{cases} M_0 - \lambda_0 M_1 = 0 \\ \lambda_0 = \dfrac{x_0 - x_{-1}}{x_1 - x_{-1}}, \quad x_{-1} = \dfrac{x_0 - \lambda_0 x_1}{1 - \lambda_0} \end{cases} \tag{7.27}$$

を得る．また，$x_n = b$ の右側に x_{n+1} を適当にとることにより，同様の方程式

$$\begin{cases} -\mu_n M_{n-1} + M_n = 0 \\ \mu_n = \dfrac{x_{n+1} - x_n}{x_{n+1} - x_{n-1}}, \quad x_{n+1} = \dfrac{x_n - \mu_n x_{n-1}}{1 - \mu_n} \end{cases} \quad (7.28)$$

を得る．連立1次方程式の形はタイプIの補間スプラインと同じである．

タイプIV の補間スプライン

$f(x)$ が周期 $b - a$ の**周期関数**であるとして，$S(x)$ に次の条件を課す．通常，周期スプラインと呼ばれる．

$$\begin{cases} S(x_0+) = S(x_n-) \\ S'(x_0+) = S'(x_n-) \\ S''(x_0+) = S''(x_n-) \end{cases} \quad (7.29)$$

この場合，連立1次方程式は次のようになる．

$$\begin{pmatrix} 2 & \lambda_1 & 0 & 0 & \cdots & \cdots & \cdots & \mu_1 \\ \mu_2 & 2 & \lambda_2 & 0 & \cdots & \cdots & \cdots & 0 \\ 0 & \mu_3 & 2 & \lambda_3 & 0 & \cdots & \cdots & 0 \\ 0 & \cdots & \ddots & \ddots & \ddots & & & \vdots \\ \vdots & \cdots & \cdots & \ddots & \ddots & \ddots & & \vdots \\ \vdots & \cdots & \cdots & \cdots & \ddots & 2 & \lambda_{n-2} & 0 \\ 0 & \cdots & \cdots & \cdots & 0 & \mu_{n-1} & 2 & \lambda_{n-1} \\ \lambda_n & \cdots & \cdots & \cdots & \ddots & 0 & \mu_n & 2 \end{pmatrix} \begin{pmatrix} M_1 \\ M_2 \\ M_3 \\ \vdots \\ \vdots \\ M_{n-2} \\ M_{n-1} \\ M_n \end{pmatrix} = \begin{pmatrix} d_1 \\ d_2 \\ d_3 \\ \vdots \\ \vdots \\ d_{n-2} \\ d_{n-1} \\ d_n \end{pmatrix}$$

$$(7.30)$$

3次補間スプラインの計算例

実際の計算例を示す．与えられる点列は，区間 $[-1, 1]$ を8等分する9個の $x_i = -1 + 0.25i, i = 0, 1, \ldots, 8$ における関数 $f(x_i) = 1/(1 + 25x_i^2)$ の値

7.3 スプライン補間

とする．このときの式 (7.21) における λ_i, μ_i, d_i および式 (7.25) を解いて得られる M_i の値を表 (7.1) に示す．

表 7.1　タイプ I の補間スプラインにおける変数の値

i	0	1	2	3	4	5	6	7	8
d_i	0.906	2.093	8.677	17.157	-58.537	17.157	8.677	2.093	0.906
μ_i	-	0.500	0.500	0.500	0.500	0.500	0.500	0.500	1.000
λ_i	1.000	0.500	0.500	0.500	0.500	0.500	0.500	0.500	-
M_i	-0.159	1.223	-0.548	18.323	-38.430	18.323	-0.548	1.223	-0.159

図 7.4〜7.6 は，タイプ I の 3 次補間スプラインによる関数値，1 次導関数，2 次導関数と絶対誤差を示すグラフである．破線は真値，太い実線は補間スプラインによる近似値，細い実線は絶対誤差を示す．関数の近似曲線はほぼ真の関数の性質を反映し大きく離れることはない．1 次導関数についても良好な結果が得られることがわかる．2 次導関数は 3 次多項式近似であるために，折れ線グラフになる．5 次多項式など，より高次の近似多項式を組み立てればこの問題は解決する．

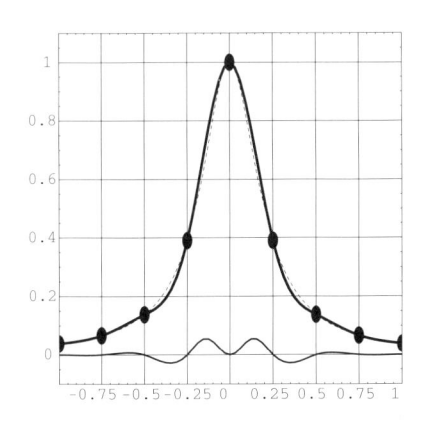

図 7.4　タイプ I の 3 次補間スプラインによる近似関数値と絶対誤差

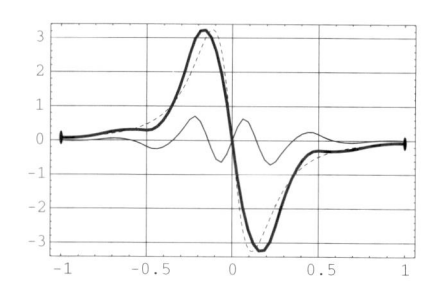

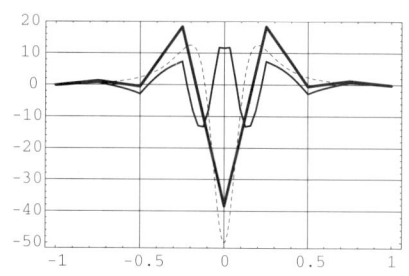

図 7.5　タイプ I の 3 次補間スプラインによる 1 次導関数と絶対誤差

図 7.6　タイプ I の 3 次補間スプラインによる 2 次導関数と絶対誤差

7.3.2　B スプラインによるスプライン関数の表現

7.3.1 項では，3 次補間スプラインを考えたが，ここでは一般的に $k-1$ 次スプライン関数とその計算法について述べる．

区間 $[a,b]$ を n 分割する離散点

$$\Delta : a = x_0 < x_1 < \cdots < x_n = b \tag{7.31}$$

において，次の条件を満足する関数 $S(x)$ を $k-1$ 次のスプライン関数という．

1) $S(x)$ は $[a,b]$ の各部分開区間 (x_i, x_{i+1}) では高々 $k-1$ 次の多項式であり，

2) 全区間 $[a,b]$ では $S(x)$ およびその $k-2$ 次までの導関数が連続である．

このような条件を満たす関数を表現するのに区分的多項式が使われる．区分的多項式を表すのに実際の数値計算で有用な基底関数に B スプラインがある．$k-1$ 次の B スプラインとは以下のように定義される．

まず分割点

$$\begin{aligned} t_{-k+1} &\leq t_{-k+2} \leq \cdots \leq t_0 = x_0 < t_1 = x_1 < \cdots < t_n = x_n \\ &\leq t_{n+1} \leq t_{n+2} \leq \cdots \leq t_{n+k-1} \end{aligned} \tag{7.32}$$

を考える．すなわち，区間 $[x_0, x_n]$ の左側と右側にそれぞれ $k-1$ 個の点を

とる．この分割の上で定義される関数

$$g_k(t;x) = (t-x)_+^{k-1} = \begin{cases} (t-x)^{k-1} &, \quad t \geq x \\ 0 &, \quad t < x \end{cases} \quad (7.33)$$

に対する $t = t_j, t_{j+1}, \ldots, t_{j+k}$ における**差分商**

$$\begin{aligned} M_{j,k}(x) &= g_k[t_j, t_{j+1}, \ldots, t_{j+k}; x] \\ &= \sum_{r=j}^{j+k} \frac{(t_r - x)_+^{k-1}}{(t_r - t_j) \cdots (t_r - t_{r-1})(t_r - t_{r+1}) \cdots (t_r - t_{j+k})} \end{aligned} \quad (7.34)$$

を単純 B スプラインと定義する．この単純 B スプラインの定数倍したもの

$$N_{j,k}(x) = (t_{j+k} - t_j) M_{j,k}(x) \quad (7.35)$$

を $k-1$ 次の正規化された B スプラインと呼ぶ．

この B スプライン $N_{j,k}(x)$ は次のような性質をもつことがわかる．

- $t_j < x < t_{j+k}$ のとき

$$N_{j,k}(x) \begin{cases} \neq 0 &, \quad t_j < x < t_{j+k} \\ = 0 &, \quad t_j \geq x, \quad x \geq t_{j+k} \end{cases} \quad (7.36)$$

- $t_i = x_i < x < x_{i+1} = t_{i+1}$ のとき

$$N_{j,k}(x) \begin{cases} \neq 0 &, \quad i-k+1 \leq j \leq i \\ = 0 &, \quad j \leq i-k, \quad i+1 \leq j \end{cases} \quad (7.37)$$

このような性質から B スプライン $N_{j,k}(x)$ は，ゼロではない値をもつ区間が限定される局所性をもつ関数である．また，各小区間 (x_i, x_{i+1}) で別々に定義される $k-1$ 次多項式であり，$k-2$ 次導関数まで連続である．

関数の形を見てみよう．$k=2$（1 次多項式）の場合で，分割 $t_{-1} = t_0 = x_0 = 1, t_1 = x_1 = 2, t_2 = x_2 = 3, \ldots, t_7 = x_7 = 8 = t_8$ としたときの，B スプライン $N_{j,2}(x), j = -1, 0, \ldots, 6$ の 8 本を $1 \leq x < 8$ の範囲で描いたものを図 7.7 に示す．この図から，たとえば $N_{2,2}(x)$ は $3 < x < 5$ の範囲で正の値をもち，それ以外のところではゼロであることがわかる．図 7.8 は，

$N_{j,3}, j = -2, -1, \ldots, 6$ である. この場合は $k = 2$ の場合に用いた分割点に $t_{-2} = x_0 = 1$ と $t_9 = x_7 = 8$ の 2 点を加えている. この図から $N_{2,3}(x)$ は $3 < x < 6$ の範囲での正の値をもち, それ以外のところではゼロである. 同様にして, 図 7.9 は, $N_{j,4}, j = -3, -2, \ldots, 6$ を描いたものである. この図から $N_{2,4}(x)$ は $3 < x < 7$ の範囲での正の値をもち, それ以外のところではゼロである. 一方, $3 < x < 4$ でゼロでない値をもつ B スプラインは, 1 次の B スプラインでは, $N_{1,2}, N_{2,2}$ の 2 個であり, 2 次 B スプラインでは $N_{0,3}, N_{1,3}, N_{2,3}$ の 3 個, さらに 3 次 B スプラインでは $N_{-1,4}, N_{0,4}, N_{1,4}, N_{2,4}$ の 4 個である.

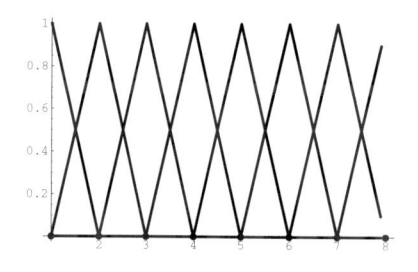

図 7.7 $N_{j,2}(x), j = -1, 0, \ldots, 6$

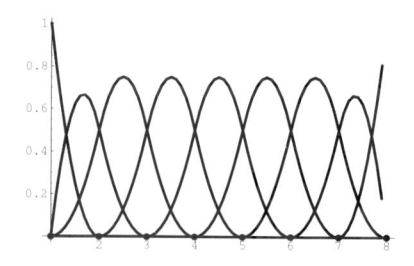

図 7.8 $N_{j,3}(x), j = -2, -1, \ldots, 6$

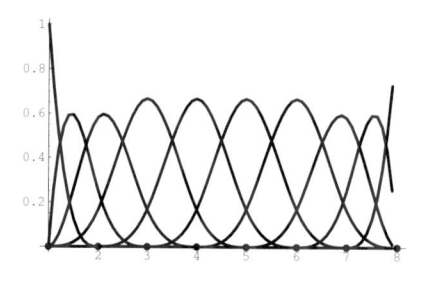

図 7.9 $N_{j,4}(x), j = -3, -2, \ldots, 6$

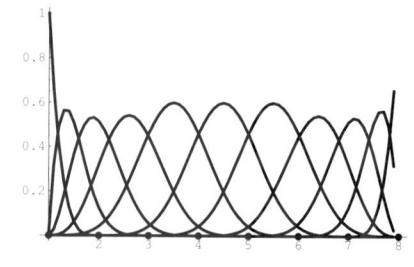

図 7.10 $N_{j,6}(x), j = -5, -4, \ldots, 6$

図 7.10 は, $N_{j,6}, j = -5, -4, \ldots, 6$ である. さらに, B スプラインの性質として, 式 (7.36), (7.37) に加えて

$$\sum_{j=i-k+1}^{i} N_{j,k}(x) = 1, \quad t_i < x < t_{i+1} \tag{7.38}$$

も有用な性質である．

$k-1$ 次のスプライン関数 $S(x), x_0 \leq x \leq x_n$ は，このように局所性をもった B スプラインの線形結合で表すことができる．

$$S(x) = \sum_{j=-k+1}^{n-1} c_j N_{j,k}(x) \tag{7.39}$$

区間 $[x_i, x_{i+1}]$ における $S(x)$ の関数値を計算するときは，B スプラインを式 (7.34) を用いないで，桁落ちなど少ない安定な方法で計算するのがよい．すなわち，以下で述べる B スプラインの局所性を利用して，$N_{j,k}(x)$ の非ゼロのもののみを次の漸化式を用いて計算するのがよい．

$$N_{r,s}(x) = \frac{x - t_r}{t_{r+s-1} - t_r} N_{r,s-1}(x) + \frac{t_{r+s} - x}{t_{r+s} - t_{r+1}} N_{r+1,s-1}(x) \tag{7.40}$$

ここで，

$$\begin{aligned} N_{r,1}(x) &= (t_{r+1} - t_r) g_1[t_r, t_{r+1}; x] = (t_{r+1} - x)_+^0 - (t_r - x)_+^0 \\ &= \begin{cases} 1 & , r = i \\ 0 & , r \neq i \end{cases} \end{aligned} \tag{7.41}$$

を式 (7.40) の右辺に入れ，$s = 2, 3, \ldots, k$ の各値に対して，$r = i - s + 1$, $i - s + 2, \ldots, i$ と変化させて，順次計算すれば，$x_i \leq x < x_{i+1}$ で非ゼロの関数値をもつ $N_{i-k+1,k}(x), \ldots, N_{i-1}(x), N_{i,k}(x)$ を得ることができる．

7.3.3　B スプラインによる補間スプライン

7.3.2 項で述べた，B スプラインを基底関数に用いて補間スプラインを求める方法を述べる．3 次の補間スプラインは 7.3.1 項で見るように，2 次導関数は折れ線近似になるので，これ以上の次数の近似導関数を得ることはできない．高次数の B スプラインを基底に用いれば，高次の近似導関数も得ることができる．また，スプラインの次数を高くして，より少ない補間点数で 3 次スプラインと同程度の近似ができれば計算全体として有利になることも期待できる．ここでは，高次のスプラインとして，$2m-1$ 次補間スプラインについてその計算方法を述べる．

まず，区間 $[a,b]$ を n 分割する離散点

$$\Delta : a = x_0 < x_1 < \cdots < x_n = b \tag{7.42}$$

において，次の条件を満足する関数 $S(x)$ を $2m-1$ 次のスプライン関数という．

1) $[a,b]$ の各部分開区間 (x_i, x_{i+1}) では高々 $2m-1$ 次の多項式であり，
2) 全区間 $[a,b]$ では $S(x)$ およびその $2m-2$ 次までの導関数が連続である．

ここで，$x_i, i = 0, 1, \ldots, n$ を $S(x)$ の節点と呼ぶ．ある関数 $f(x)$ についての補間条件

$$S(x_i) = f(x_i) = f_i, \quad 0 \leq i \leq n \tag{7.43}$$

を満たす $S(x)$ を $f(x)$ に対する $2m-1$ 次補間スプラインと定義する．さらに 7.3.1 項で述べたように，付加する条件によって次の 5 種類に分類する．

1. タイプ I 補間スプライン

$$\begin{cases} D^l S(x_0) = f^{(l)}(x_0) = f_0^{(l)} \\ D^l S(x_n) = f^{(l)}(x_n) = f_n^{(l)} \end{cases}, \quad 1 \leq l \leq m-1 \tag{7.44}$$

ここで，$D \equiv d/dx$ を表す．

2. タイプ II 補間スプライン

$$\begin{cases} D^l S(x_0) = f^{(l)}(x_0) = f_0^{(l)} \\ D^l S(x_n) = f^{(l)}(x_n) = f_n^{(l)} \end{cases}, \quad m \leq l \leq 2m-2 \tag{7.45}$$

3. タイプ II' 補間スプライン

$$D^l S(x_0) = D^l S(x_n) = 0, \quad m \leq l \leq 2m-2 \tag{7.46}$$

4. タイプ III 補間スプライン

区間 $[x_0, x_1], [x_{n-1}, x_n]$ をさらに細分した分割を

$$\begin{aligned} a = \; & x_0 < x_{0(1)} < x_{0(2)} < \cdots < x_{0(m-1)} < x_1 < \cdots \\ & < x_{n-1} < x_{n(1)} < x_{n(2)} < \cdots < x_{n(m-1)} < x_n = b \end{aligned} \tag{7.47}$$

として、

$$\begin{cases} S(x_{0(j)}) = f(x_{0(j)}) = f_{0(j)} \\ S(x_{n(j)}) = f(x_{n(j)}) = f_{n(j)} \end{cases}, \quad 1 \leq j \leq m-1 \quad (7.48)$$

を満たす $S(x)$ をタイプ III 補間スプラインと呼ぶ．

5. タイプ IV 補間スプライン

$f(x)$ が周期 $b-a$ の周期関数であるとき，

$$D^l S(x_0) = D^l(x_n), \quad 0 \leq l \leq 2m-2 \quad (7.49)$$

を満たす $S(x)$ をタイプ IV 補間スプラインと呼ぶ．

$2m-1$ 次のスプライン関数は B スプラインの線形結合で表される．すなわち，次のような分割

$$\begin{cases} t_j = x_0, & -2m+1 \leq j \leq -1 \\ t_j = x_j, & 0 \leq j \leq n \\ t_j = x_n, & n+1 \leq j \leq n+2m-1 \end{cases} \quad (7.50)$$

の $t = t_j, t_{j+1}, \ldots, t_{j+2m}$ における $2m$ 次差分商（式 (7.34)）を用いて定義される正規化された B スプライン $N_{j,2m}(x)$ を用いて

$$S(x) = \sum_{j=-2m+1}^{n-1} c_j N_{j,2m}(x) \quad (7.51)$$

で表される．係数 c_j は補間条件および付加条件を適用して，得られる連立 1 次方程式を解くことで求められる．以下では，タイプ I について連立 1 次方程式がどのような形になるかを示す．

タイプ I 補間スプラインの計算法

B スプラインの性質として，式 (7.36), (7.37) と (7.38) に加えて，

$$D^l N_{j,2m} \begin{cases} \neq 0, & -2m+1 \leq j \leq l-2m+1 \\ = 0, & j \geq l-2m+2 \end{cases} \quad (7.52)$$

を用い,さらにタイプ I の補間条件を適用すると

$$D^l N_{j,2m} \begin{cases} \neq 0 &, \quad n-1-l \leq j \leq n-1 \\ = 0 &, \quad j \leq n-2-l \end{cases} \tag{7.53}$$

$$\begin{cases} \displaystyle\sum_{j=-2m+1}^{l-2m+1} c_j N_{j,2m}^{(l)}(x_0) = f^{(l)}(x_0) &, \quad l = 0, 1, \ldots, m-1 \\ \displaystyle\sum_{j=i-2m+1}^{i-1} c_j N_{j,2m}(x_i) = f(x_i) &, \quad i = 1, 2, \ldots, n-1 \\ \displaystyle\sum_{j=n-1-l}^{n-1} c_j N_{j,2m}^{(l)}(x_n) = f^{(l)}(x_n) &, \quad l = m-1, m-2, \ldots, 0 \end{cases} \tag{7.54}$$

なる方程式が得られる.連立 1 次方程式の次元数は $2m+n-1$ となる.たとえば,$n=7, m=3$ の場合の連立 1 次方程式の係数行列は 12×12 の正方行列であるが,次のような帯行列になる.

$$\begin{pmatrix}
N_{-5}(0) & & & & & & & & & & & \\
N'_{-5}(0) & N'_{-4}(0) & & & & & & & & & & \\
N''_{-5}(0) & N''_{-4}(0) & N''_{-3}(0) & & & & & & & & & \\
& N_{-4}(1) & N_{-3}(1) & N_{-2}(1) & N_{-1}(1) & N_0(1) & & & & & & \\
& & N_{-3}(2) & N_{-2}(2) & N_{-1}(2) & N_0(2) & N_1(2) & & & & & \\
& & & N_{-2}(3) & N_{-1}(3) & N_0(3) & N_1(3) & N_2(3) & & & & \\
& & & & N_{-1}(4) & N_0(4) & N_1(4) & N_2(4) & N_3(4) & & & \\
& & & & & N_0(5) & N_1(5) & N_2(5) & N_3(5) & N_4(5) & & \\
& & & & & & N_1(6) & N_2(6) & N_3(6) & N_4(6) & N_5(6) & \\
& & & & & & & & & N''_4(7) & N''_5(7) & N''_6(7) \\
& & & & & & & & & & N'_5(7) & N'_6(7) \\
& & & & & & & & & & & N_6(7)
\end{pmatrix} \tag{7.55}$$

式 (7.55) 中の記号は以下のとおりである.

$$N_j(i) \equiv N_{j,2m}(x_i), \quad N'_j(i) \equiv DN_{j,2m}(x_i), \quad N''_j(i) \equiv D^2 N_{j,2m}(x_i) \tag{7.56}$$

$D^l N_{j,2m}(x_i)$ の計算には,次の関係式をくり返し使う [104].

$$DN_{j,k}(x) = (k-1)\left(\frac{N_{j,k-1}(x)}{t_{j+k-1}-t_j} - \frac{N_{j+1,k-1}(x)}{t_{j+k}-t_{j+1}}\right) \tag{7.57}$$

5 次補間スプラインの計算例

関数 $f(x) = 1/(1+25x^2)$ について,区間 $[-1,1]$ を 6 等分割する 7 個の離散点を節点とし,この節点上での関数値を通る 5 次補間スプライン ($m=3$)

7.3 スプライン補間

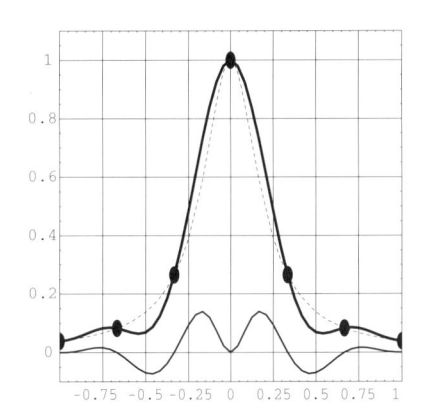

図 7.11 タイプ I の 5 次補間スプラインによる近似関数値と絶対誤差

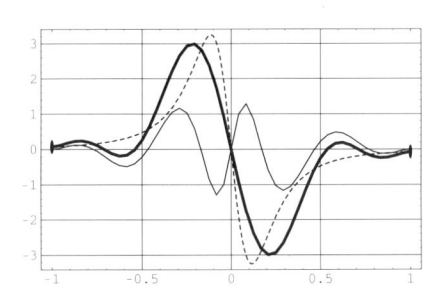

図 7.12 タイプ I の 5 次補間スプラインによる 1 次導関数と絶対誤差

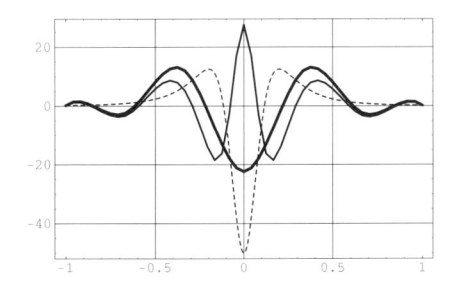

図 7.13 タイプ I の 5 次補間スプラインによる 2 次導関数と絶対誤差

の計算例を示す．図 7.4 での 3 次補間スプラインの例より節点数を 2 減らし，区分的近似多項式の次数を 2 だけ上げた．この場合，図 7.11 では誤差曲線の振動の振幅が前者に比べてやや増加するが，近似関数の値が真値から大きく離れることはない．図 7.12, 7.13 に，1 次導関数，2 次導関数の近似曲線を示す．3 次補間スプラインの場合では，2 次導関数は折れ線グラフになるが，5 次補間スプラインでは，滑らかな曲線が得られる．図中の破線は真値，太い実線は補間スプラインによる近似値，細い実線は絶対誤差を示す．

7.4 まとめ

　グラフを描く場合の図形処理に有用な 1 変数の補間法について解説した．3 次区分的 Hermite 補間は，2 点における関数値と 1 次導関数を用いて，その間の関数および 1 次導関数を補間するというきわめて局在性の強い方法で不自然な屈曲点が現れない点において，製図工が描くような曲線が得られる．等間隔離散点の場合で，誤差解析も行われその有用性も示されている [101]．

　高精度の補間値また微分値を得るための補間法として，スプライン関数による補間法を紹介した．また B スプラインによる安定な算法も述べた．図形処理での実用上は 3 次補間スプラインで十分であるが，高次の補間スプラインは定義域全域にわたって高精度が要求される計算に有用であることも示されている [102]．ここでは，1 変数に限って解説したが，実用上は 2 変数での滑らかな曲面を作ることの要求が高い．数学ソフトウェアパッケージ NUMPAC[99], SSLII[100] には，実用的な滑らかな曲線，曲面を算出するサブルーチンが用意されている．

第8章
多重積分
~次元の呪いからの脱出?~

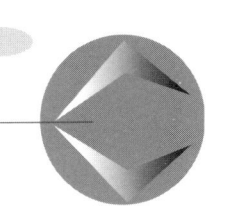

本章の目的

　自然科学だけでなく経済の分野など，広い範囲で多重積分の近似値を必要とする．1次元積分を直積的に適用して近似すると，積分の次元数とともに計算量が指数関数的に増大し，最新の計算機さえも実行できなくなる．この「次元の呪い」から逃れる方法を探索することが多重積分法の目的である．

　本章では，直積型積分法とその問題点を述べた後，現在発展途上のいくらかの非直積型多重積分法を紹介する．

> the 'curse of dimensionality':
> the number of quadrature points rises
> alarmingly as the number of dimensions increases.
> Even with the powerful computers of today,
> high-dimensional integrals can
> challenge available computer resources.
> — I. H. Sloan and S. Joe(1994)—

8.1 はじめに 〜広大な未開拓分野〜

d 次元空間 $\mathbb{R}^d$ 内の領域 Ω 上での積分

$$I(f) = \int \cdots \int_\Omega f(\mathbf{x})\,d\mathbf{x} = Q(f) + R(f), \quad \Omega \subset \mathbb{R}^d \tag{8.1}$$

の近似 $Q(f)$:

$$Q(f) = \sum_{j=1}^N w_j f(\mathbf{x}^{(j)}), \quad \mathbf{x}^{(j)} \in \Omega \tag{8.2}$$

を求める方法を述べる．w_j と $\mathbf{x}^{(j)}$ はそれぞれ重みと標本点である．$R(f)$ は誤差を表す．1次元積分に比べて多重積分 (8.1) の近似問題は格段に難しい．現在も明確な手法が確立しているとはいえない．困難の度合は，被積分関数 $f(\mathbf{x})$ の性質（滑らかな関数，内点特異関数，領域境界で特異関数など）の他に多次元積分特有の問題，すなわち次元数および領域 Ω の形状に依存する．当然，次元数の増大に伴い困難度も格段に増大する．まず，次元数による困難度と手法の分類を以下に示す [111]．

区分 0：2次元積分；比較的やさしい

区分 I：3 から 6，7 次元積分；多項式次数則に基づく適応型積分法

区分 II：7，8 から 15 次元積分；Monte Carlo 法と準 Monte Carlo 法

区分 III：15 次元以上の積分；真に高次積分，Monte Carlo 法と準 Monte Carlo 法[†1]

次に領域 Ω の形状に依存する問題を示す．1次元積分では，任意の有限領域積分は affine 変換により基本領域（たとえば $[-1,1]$）での積分に変換できるので，この基本領域上の積分則を作成すればよい．一方，多次元積分では積分領域が多様であり，すべてを affine 変換で基本領域（たとえば n 次元立方体 $[0,1]^n$）に変換できるとは限らない．たとえば，2次元三角形領域は Duffy 変換 [134] により正方領域積分に変形できるが，円領域は非 affine 変換を必要とする [143, p.114]．一般に任意領域を基本領域に移す変換式を見つけることは容易でない．そこで，以下に示すような各種の基本的な領域の積分に分類し，その領域ごとに積分則を構成することも必要である．

[†1] 後述の優良格子点法は準 Monte Carlo 法の一種である．

d 次元立方体 C_d : $\Omega = \{(x_1,\ldots,x_d) : -1 \leq x_i \leq 1, i=1,\ldots,d\}$
d 次元球 S_d : $\Omega = \{(x_1,\ldots,x_d) : \sum_{i=1}^{n} x_i^2 \leq 1\}$
d 次元シンプレックス T_d :
$$\Omega = \{(x_1,\ldots,x_d) : \sum_{i=1}^{d} x_i \leq 1, x_i \geq 0, i=1,\ldots,d\}$$

8.2 直積型積分則 〜指数関数的に増大する計算量〜

8.2.1 直積型は低次元積分に

2 次元矩形領域積分

$$I(f) = \int_a^b dx_1 \int_\alpha^\beta dx_2 f(x_1, x_2) \tag{8.3}$$

の各次元方向の積分に 1 次元積分則（たとえば台形則や Gauss 則など）

$$\int_a^b f(x_1) dx_1 = \sum_{j_1=1}^{m_1} w_{j_1} f(x_1^{(j_1)}) + R_1,$$

$$\int_\alpha^\beta g(x_2) dx_2 = \sum_{j_2=1}^{m_2} p_{j_2} g(x_2^{(j_2)}) + R_2$$

を適用すると $I(f) = Q(f) + R(f)$，ここで

$$Q(f) = \sum_{j_1=1}^{m_1} \sum_{j_2=1}^{m_2} w_{j_1} p_{j_2} f(x_1^{(j_1)}, x_2^{(j_2)}), \quad R(f) = \sum_{j_2=1}^{m_2} p_{j_2} R_1 + \int_a^b R_2 dx_1$$

上の $Q(f)$ を直積型積分則という．積分則の計算量を標本点数で計ると仮定すると，上の積分則の計算量は $m_1 m_2$ である．n 次元積分に対してこの直積型積分則を構成すると計算量は $m_1 m_2 \cdots m_n$ であり，次元数 n とともに指数関数的に増大する（**次元の呪い**）．したがって，直積型積分則は低次元積分に適用することが実用的である．

8.2.2 領域の変換

2次元三角形領域 $(0 \leq x_1 \leq 1, 0 \leq x_2 \leq x_1)$ での積分

$$I(f) = \int_0^1 dx_1 \int_0^{x_1} dx_2 f(x_1, x_2)$$

には，変数変換（Duffy 変換），$x_1 = u, \ x_2 = uv$, により正方領域での積分

$$I(f) = \int_0^1 du \int_0^1 dv \, u f(u, uv)$$

に変換し，この基本領域 $[0,1]^2$ での積分に直積型積分則を適用すればよい．このとき，もとの三角形の頂点近傍に標本点が集まりやすいので，頂点が特異点であるような積分には好適である．たとえば，原点に弱い特異性がある被積分関数 $f(x_1, x_2) = (x_1^2 + x_2^2)^{\alpha/2} g(x_1, x_2)$ なら，Duffy 変換により $uf(u, uv) = u^{\alpha+1}(1 + v^2)^{\alpha/2} g(u, uv)$ となる．もし $\alpha = -1$ なら，原点での特異性が消されることになる [134]．

一方，滑らかな被積分関数の場合には標本点数の多い積分則は一般に使用されない．三角形領域での積分則の詳しい解説が文献 [135] にある．

8.3 最小求積公式 〜多次元 Gauss 型〜

(8.1) で与えられる積分 $I(f)$ の被積分関数 f が，変数 $x_1, \ldots, x_d$ に関する p 次以下の単項式 $x_1^{k_1} \cdots x_d^{k_d}$ $(k_i \geq 0, \ k_1 + \cdots + k_d \leq p)$ のとき，近似 $Q(f)$(8.2) が厳密 $(I(f) = Q(f))$ となるよう重み w_j と標本点 $\mathbf{x}^{(j)}$ を決定したい．このとき誤差 $R(f) = 0$ である．さらに，$R(f) \neq 0$ とする $p+1$ 次単項式が少なくとも一つあれば，この $Q(f)$ を次数 p の積分則という．d 個の変数に関する p 次以下の異なる単項式は $\binom{d+p}{p}$ 通りある．p 次積分則に必要な標本点数 N の最小値を求めることは重要な問題であるが，容易でない．N の上限と下限は以下のようである [116, p.366]．

定理 8.1

$$\binom{d + \lfloor p/2 \rfloor}{\lfloor p/2 \rfloor} \leq N \leq \binom{d+p}{p} \tag{8.4}$$

1次元 ($d=1$) の場合，N 点で $2N-1$ 次 Gauss 積分則が構成される．すなわち，(8.4) の下限が最小数となる．

2次元以上では，最小の標本点数は積分領域の形状に依存することが知られている [111]．2次元正方領域あるいは三角形領域では，$2k-1$ 次積分則の最小標本点数は $k(k+1)/2 + \lfloor k/2 \rfloor$ 以上である [111]．次数 p が $1 \leq p \leq 20$ の範囲に対して，実際の最小標本点数の値を Cools[111] が示している．正方形領域より三角形領域の方が最小標本点数が一般に大きいようである．次数 p が大きくなるとその差が開く．

8.3.1 d 次元立方体 C_d

$2d$ 点 3 次公式は

$$\int_{C_d} f(\mathbf{x})\,d\mathbf{x} \approx Q(f) = w \sum^{2d} f(\pm u, 0, \ldots, 0)$$

と表される．ここで，和は u と $-u$ を d 個の変数のすべての位置に配置することを意味する．総和の数は $2d$ である．$w = 2^{d-1}/d$，$u = \sqrt{d/3}$ である．$d \geq 3$ のとき $u > 1$ となり，標本点が積分領域の外部に存在するので，積分則として望ましくない．

$2d^2 + 1$ 点 5 次公式は

$$\begin{aligned}\int_{C_d} f(\mathbf{x})\,d\mathbf{x} \approx Q(f) &= w_1 f(0,\ldots,0) + w_2 \sum^{2d} f(\pm u, 0, \ldots, 0) \\ &\quad + w_3 \sum^{2d(d-1)} f(\pm u, \pm u, 0, \ldots, 0)\end{aligned}$$

である．ここで $w_1 = 2^d(25d^2 - 115d + 162)/162$，$w_2 = 2^d(70 - 25d)/162$，$w_3 = 25 \times 2^d/324$，$u = \sqrt{3/5}$ である．$d \geq 3$ なら重み w_i の符号が負になるものがあるので，不安定な積分則となる．

7 次公式は

$$\begin{aligned}Q(f) &= w_1 f(0,\ldots,0) + w_2 \sum^{2d} f(\pm u, 0, \ldots, 0) + w_3 \sum^{2d} f(\pm v, 0, \ldots, 0) \\ &\quad + w_4 \sum^{2d(d-1)} f(\pm u, \pm u, 0, \ldots, 0) + w_5 \sum^{2d(d-1)} f(\pm v, \pm v, 0, \ldots, 0)\end{aligned}$$

$$+w_6 \sum^{4d(d-1)(d-2)/3} f(\pm u, \pm u, \pm u, 0, \ldots, 0)$$

である．重み w_i は符号が正負となり，安定な積分則ではない．

上で例として述べた公式はいずれも完全対称則の一種である．d 次元ベクトル $\mathbf{x}$ と $\mathbf{y}$ が互いに座標の置換あるいは座標の符号の交換により入れ代わるとき，両者を**完全対称点**という．(8.2) の総和が完全対称点のすべてにわたるとき，積分則 $Q(f)$ を**完全対称則**という [137]．Espelid[122] は 3 次元立方体領域での各種完全対称則を示している．57 点～63 点での各種 9 次則，86 点～97 点での各種 11 次則に対してそれぞれの重みと標本点を与えた．

8.3.2 d 次元シンプレックス T^d

Keast[130] は d 次元シンプレックス領域での積分則を与えた．

8.3.3 その他の領域

Keast[130] は d 次元球面上でのいろいろな（最小）求積公式を与えた．特に，3 次元球面および 4 次元球面に対しそれぞれ 3 次から 17 次完全対称則，d 次元球面に対し 3 次から 9 次の完全対称則を示している．

8.4 Monte Carlo 法 〜確率論的手法〜

8.4.1 Monte Carlo 法

本節と次の節では，(8.1) の積分 $I(f)$ の領域が d 次元立方体 $\Omega = [0,1]^d$ と仮定する．$[0,1]^d$ 内にランダム（一様乱数）に選ばれた点を $\mathbf{x}^{(1)}, \ldots, \mathbf{x}^{(N)}$ とする．近似 $Q(f)$ を

$$Q(f) = \frac{1}{N} \sum_{j=1}^{N} f(\mathbf{x}^{(j)}) \tag{8.5}$$

とすると，誤差 $I(f) - Q(f)$ は次元数 d に無関係に $O(N^{-1/2})$ となる．すなわち，この Monte Carlo 法は積分の次元数 d が大きくなればなるほど効果的である．しかし，この方法にはいくらかの問題点がある．まず，計算機内で一様乱数を生成することが困難である．また，誤差のオーダー $O(N^{-1/2})$ は

確率論的に決定されたものであるから，一度の計算だけで精度の見積りができない．数回くり返して，結果を比較し精度の見積りをする．さらに，一般に被積分関数が滑らかであるほど通常の積分則は効率的に近似を求めることができる．しかし，この方法では関数の滑らかさなどを全く無視している．

8.4.2　準 Monte Carlo 法

Monte Carlo 法では，(8.5) で与えられる近似 $Q(f)$ の標本点 $\mathbf{x}^{(j)}$ は一様乱数により生成された．代わりに，多くの関数族の f に対して（連続関数も含み）

$$\lim_{N\to\infty}\frac{1}{N}\sum_{j=1}^{N}f(\mathbf{x}^{(j)})=I(f) \tag{8.6}$$

となるように点列 $\mathbf{x}^{(1)},\mathbf{x}^{(2)},\ldots$ を選ぶ．すなわち，$\mathbf{x}^{(1)},\mathbf{x}^{(2)},\ldots$ を領域 $[0,1]^d$ 内に一様に分布させた点列とする．

以下に，1 次元半開区間 $[0,1)$ 上の実数列 $\omega=\{t_n\}_{n=1}^{\infty}$ に対して，一様分布の定義を示す [132, p.1]．$[0,1)$ の部分区間 E と整数 N に対し，$\{t_n\}_{n=1}^{N}$ の中で区間 E 内にある t_n の個数を $A(E;N:\omega)$ と表す．

定義 8.1　$0\leq a<b\leq 1$ を満足するすべての a,b に対し

$$\lim_{N\to\infty}\frac{A([a,b);N:\omega)}{N}=b-a$$

となるとき数列 ω が一様分布するという．

数値例 8.1　一様分布列の例を 2 つ示す．
1. $0/1,0/2,1/2,0/3,1/3,2/3,\ldots,0/k,1/k,\ldots,(k-1)/k,\ldots$
2. 無理数 θ に対し $n\theta$ ($n=0,1,2,\ldots$) の小数部分からなる数列

次に示す van der Corput 列 [138, p.24]$\phi_b(n)$ も一様分布列である．整数 $b\geq 2$ に対し，$Z_b=\{0,1,\ldots,b-1\}$ とおく．非負整数 n を

$$n=\sum_{j=0}^{\infty}a_j(n)\,b^j,\quad a_j(n)\in Z_b,\quad n=0,1,2,\ldots$$

と表す．すなわち，n を b 進展開する．さらに

$$\phi_b(n) = \sum_{j=0}^{\infty} a_j(n)\, b^{-j-1}$$

とおく．たとえば $b=2$ で $n=6$ なら，$n = 1 \times 2^2 + 1 \times 2 = (110)_2$ だから $\phi_2(6) = (0.011)_2 = 0.375$ である．

さて，$p(s)$ を s 番目の素数とし，

$$\mathbf{x}^{(n)} = (\phi_{p(1)}(n), \phi_{p(2)}(n), \ldots, \phi_{p(d)}(n))$$

とおくと (Halton 列 [141, p.7])，近似 $Q(f) = 1/N \sum_{j=1}^{N} f(\mathbf{x}^{(j)})$ の誤差は

$$|Q(f) - I(f)| \leq C \frac{(\log N)^d}{N} V(f)$$

となる．ここで，$V(f)$ は f の Hardy と Krause の意味での変動 [138, p.19] を表す．すなわち，収束の速さは Monte Carlo 法よりはるかに速い．しかし，この方法でも関数の滑らかさなどの性質を考慮していない．関数の性質を考慮し，より収束の速い方法が次に示す優良格子点法 (Good Lattice Point Method) である．

8.5 優良格子点法 〜台形則の一般化〜

8.5.1 Good Lattice Point Method

前節と同様に本節でも，(8.1) で与えられる積分 $I(f)$ の領域 Ω を $\Omega = [0,1]^d$ と仮定する．さらに，被積分関数 f は十分滑らかであり，$\mathbf{x}$ の各成分ごとに周期 1 の周期関数と仮定する．すなわち，

$$f(\mathbf{x}) = f(\mathbf{x} + \mathbf{z}), \quad \mathbf{z} \in \mathbb{Z}^d, \quad \mathbf{x} \in \mathbb{R}^d$$

ここで，$\mathbb{Z}$ は整数の集合を表す．さて，周期関数の 1 次元積分には台形則が大変よい近似を与えることが知られている．以下に示す優良格子点法 (GLP) は台形則の多次元積分への拡張である．

8.5 優良格子点法

rank-1 Lattice Rule

$\mathbf{g}$ を d 次元整数ベクトルとし，各成分が N の倍数でないとする．積分 $I(f)$ の近似 $Q(f)$(rank 1 Lattice Rule) を次のように表す．

$$Q(f) = \frac{1}{N} \sum_{j=0}^{N-1} f\left(\frac{j}{N}\mathbf{g}\right) \tag{8.7}$$

この近似の誤差を調べる．まず，周期関数 f を Fourier 展開する．

$$f(\mathbf{x}) = \sum_{\mathbf{h} \in \mathbb{Z}^d} \hat{f}(\mathbf{h})\, e(\mathbf{h} \cdot \mathbf{x}), \quad \mathbf{x} \in \mathbb{R}^d \tag{8.8}$$

ここで，$e(x) = e^{2\pi i x}$ とおく．$\mathbf{h} \cdot \mathbf{x}$ は内積 $h_1 x_1 + h_2 x_2 + \cdots + h_d x_d$ である．さらに，(8.8) の展開係数 $\hat{f}(\mathbf{h})$ は次で与えられる．

$$\hat{f}(\mathbf{h}) = \int_{\Omega} f(\mathbf{x})\, e(-\mathbf{h} \cdot \mathbf{x})\, d\mathbf{x}, \quad \mathbf{h} \in \mathbb{Z}^d \tag{8.9}$$

すると近似 (8.7) の誤差は

$$Q(f) - I(f) = \sum_{\mathbf{h}} \hat{f}(\mathbf{h}) \tag{8.10}$$

ここで，総和は $\mathbf{h} \cdot \mathbf{g} \equiv 0 \bmod N$ となる $\mathbf{h} \neq \mathbf{0}$ であるすべての $\mathbf{h} \in \mathbb{Z}^d$ について行う．

近似 (8.7) の収束の速さを調べよう．まず，$[0,1]^d$ 上の周期関数の族 $E_d(\lambda, C)$ を定義する．

$$E_d(\lambda, C) = \left\{ \sum_{\mathbf{h} \in \mathbb{Z}^d} \hat{f}(\mathbf{h})\, e(\mathbf{h} \cdot \mathbf{x}) : |\hat{f}(\mathbf{h})| \leq C r(\mathbf{h})^{-\lambda} \right\}$$

ここで

$$r(\mathbf{h}) = r(h_1, \ldots, h_d) = \prod_{k=1}^{d} \max(1, |h_k|)$$

とおく．さらに

$$P^{(\lambda)}(\mathbf{g}, N) = \sum_{\mathbf{h}} r(\mathbf{h})^{-\lambda} \tag{8.11}$$

とおく．ここで，総和は $\mathbf{h} \cdot \mathbf{g} \equiv 0 \bmod N$ となる $\mathbf{h} \neq \mathbf{0}$ であるすべての $\mathbf{h} \in \mathbb{Z}^d$ について行う．すると積分誤差は

$$|Q(f) - I(f)| \leq C P^{(\lambda)}(\mathbf{g}, N)$$

次に，この $P^{(\lambda)}(\mathbf{g}, N)$ の上限を見つけよう．

定義 8.2 $\mathbf{g} \in \mathbb{Z}^d$, $d \geq 2$, 整数 $N \geq 2$ に対し，

$$R(\mathbf{g}, N) = \sum_{\mathbf{h}} r(\mathbf{h})^{-1}$$

とおく．ここで，総和は $\mathbf{h} = (h_1, \ldots, h_d) \in \mathbb{Z}^d$, $-N/2 < h_k \leq N/2$ ($k = 1, \ldots, d$) で $\mathbf{h} \cdot \mathbf{g} \equiv 0 \bmod N$ となるすべての $\mathbf{h} \neq \mathbf{0}$ について行う．

そうすると

$$P^{(\lambda)}(\mathbf{g}, N) \leq R(\mathbf{g}, N)^\lambda + O(N^{-\lambda})$$

結局，積分の誤差は $R(\mathbf{g}, N)$ に依存する．いま，$\mathbf{g} \in \mathbb{Z}^d$, $d \geq 2$, 整数 $N \geq 2$ に対し，

$$\rho(\mathbf{g}, N) = \min_{\mathbf{h}} r(\mathbf{h})$$

とおく．ここで，最小値の探索は $\mathbf{h} \in \mathbf{Z}^d$ で $\mathbf{h} \cdot \mathbf{g} \equiv 0 \bmod N$ となるすべての $\mathbf{h} \neq \mathbf{0}$ について行う．すると

$$\frac{1}{\rho(\mathbf{g}, N)} \leq R(\mathbf{g}, N) \leq \frac{c(d)(\log N)^d}{\rho(\mathbf{g}, N)}$$

となる．ここで，$c(d)$ は次元 d に依存する定数とする．したがって，$\rho(\mathbf{g}, N)$ が大きいほど，誤差が小さいことになる．$\rho(\mathbf{g}, N)$ を大きくするような $\mathbf{g}$ を **優良格子点** という．具体的な優良格子点の例は文献 [109, 136, 141, 142] にある．

いままで，rank 1 lattice rule を述べた．一般に

$$Q(f) = \frac{1}{N_1 N_2 \cdots N_t} \sum_{j_t = 0}^{N_t - 1} \cdots \sum_{j_1 = 0}^{N_1 - 1} f\left(\frac{j_1}{N_1} \mathbf{g}_1 + \cdots + \frac{j_t}{N_t} \mathbf{g}_t\right)$$

と表される高次 rank Lattice Rule もある．ここで，$\mathbf{g}_k \in \mathbb{Z}^d$ ($k = 1, \ldots, t$)．

あるいは，次の形式の lattice rule の列 $Q_0(f), Q_1(f), \ldots, Q_d(f)$

$$Q_s(f) = \frac{1}{2^s N} \sum_{k_s=0}^{1} \cdots \sum_{k_1=0}^{1} \sum_{j=0}^{N-1} f\left(\frac{j}{N}\mathbf{g} + \frac{(k_1, \ldots, k_s, 0, \ldots, 0)}{2}\right)$$

ここで，$0 \le s \le d$ は埋め込み型公式（後述）を与える．これは，誤差を推定しながら収束する近似列を構成する．

8.5.2 周期関数と変数変換

前述の優良格子点法は周期関数 $f(\mathbf{x})$ の積分に有効である．この方法を非周期関数に適用するには，変数変換により周期関数化する前処理が必要である．ここでは，この変換法を簡単に示す．

$\psi(0) = 0$, $\psi(1) = 1$ となる単調増加関数 ψ で $\mathbf{x}$ の各成分 x_k を変数変換 $x_k = \psi(t_k)$ する．すなわち，

$$I(f) = \int_{[0,1]^d} F(\mathbf{t})\,d\mathbf{t}, \quad F(\mathbf{t}) = f(\psi(t_1), \ldots, \psi(t_d))\psi'(t_1)\cdots\psi'(t_d)$$

自然数 $\lambda \ge 2$ に対し f が C^λ 級なら，ψ を C^λ 級で，$\psi^{(l)}(0) = \psi^{(l)}(1) = 0$ ($1 \le l \le \lambda - 1$) となるように選べば $F \in E_d(\lambda, C)$ となる．以下のような具体的な例がある．

$$\psi(t) = \int_0^t \frac{(2\lambda+1)!}{\lambda!} t^\lambda (1-t)^\lambda\,dt$$

最近，Sidi[140] が非周期関数を周期関数に変換する新しい変換法を示した．

8.6 適応型自動積分法 〜誤差推定〜

被積分関数 f，積分領域 Ω，近似に対する要求精度 ϵ が与えられたとき，自動的に誤差を推定して要求精度を満足する近似 $Q(f)$ を与える手法（プログラム）を自動積分法という．自動積分法を構成する方法は大域型と適応型に分類される．大域型は積分領域全体に一種類の積分則を適用し，全域に標本点を追加して，精度が順に高くなる近似値の列を作成する．この近似列から誤差を推定して要求精度を満足したら停止する．

一方，適応型は積分領域を順次分割し，局所的に2種類の基本積分則を適用する．それぞれの近似値の差を用いて局所的な積分の誤差を推定する．局所的な誤差推定が最大である部分領域をさらに細分し，以上の手法をくり返し適用する．全域的な誤差推定が要求誤差を満足するまで細分を行う．

局所的に利用する2種類の基本積分則には，共通の標本点が多くあれば関数計算を再利用できるので，計算量を削減できてよい．高次積分則の標本点集合の部分集合が低次積分則の標本点集合であれば計算量の点で最良である．このような積分則の組を**埋め込み型公式**という．さらに，領域を細分する前に使用した基本積分則の標本点が細分後にも再利用されることは，計算量の節約にさらに貢献する．このために積分則と細分方法の適切な組合せを選択することも大切である．

BerntsenとEspelid[108]は，3次元立方体領域での埋め込み型公式を与えている．64点～71点までの各種9次と7次公式の組，115点11次と9次公式の組のそれぞれに対して，重みと標本点の値を示した．CoolsとHaegemans[112]は2次元正方領域での埋め込み公式の列を示した．1点1次，5点3次，13点5次，21点7次，25点9次公式群である．このすべての低次の公式の標本点集合はより高次の公式の標本点集合の部分集合になっている．したがって，1次公式から順次誤差推定を行い9次公式まで進むとき低次公式の標本点を再利用できる．

次に各種領域や次元に対する適応型自動積分法を紹介する．基本積分則には一般に最小求積公式を用いる．

8.6.1 d次元立方体領域

d次元立方体上での自動積分HALF[119]とその改良版ADAPT[125]は，2種類の基本積分則に7次と5次の完全対称則を用いている．ADAPTでは，基本積分則の組が埋め込み型公式である．DCUHRE[106, 107]はベクトル被積分関数の積分に対する自動積分である．すなわち，同じ積分領域で多くの類似した関数の組に対する積分を一度に求めることができる．並列計算機上で実行することも意識している．基本積分則として5種類の埋め込み型公式の組を用いている．いずれも完全対称則である．これらの内からユーザが

指定する二つの基本積分則を用いて局所積分値とその誤差を推定する．

被積分関数が d 次元 ($1 \leq d \leq 15$) 立方体の表面上に特異点をもつ積分の自動積分 DECUHR[121] は加速法を組み入れている．特に，特異点近傍は非一様に分割していく．基本積分則として DCUHRE[106] で使用した基本積分則の内の 7 次則と 9 次則の組を用いている．

8.6.2 d 次元シンプレックス領域

2 次元三角形領域上の積分に対する自動積分 CUBTRI[133] では，各部分三角形を四つの合同な小三角形に細分していく．基本積分則として 7 点 5 次と 19 点 8 次の埋め込み型公式の組を用いる．2 次元三角形領域上の自動積分 TRIEX[117, 118] では，領域境界上に被積分関数の特異点が存在する積分を扱う．このために加速法として，3 章で述べた ε アルゴリズムを組み入れている．基本積分則として 19 点 9 次則と 28 点 11 次則を用いている．これらの標本点は領域内に存在し，重みもすべて正である．標本点の一部は領域境界上に存在するので，領域を細分したとき再利用できる．

Kahaner ら [128] は d 次元シンプレックス領域での自動積分法を作成している．Genz ら [124] は関数の滑らかさに応じて領域分割の方法を 3 通り（2, 3, 4 等分）の中から選択する方式を採用した．基本積分則も数種類の埋め込み公式群から選ぶ．

CUBPACK[113] は，d 次元シンプレックスと立方体の複合領域での積分に対し，既存の各種自動積分法および ε 加速を組み込んだ方法を考案している．被積分関数はベクトル関数も扱う．

8.6.3 その他の領域

2 次元の各種基本領域での自動積分を Cools ら [114] が作成した．特に，三角形，平行四辺形，長方形，円，一般矩形，扇形などの領域での積分を扱う．

8.7 多重積分プログラム 〜千差万別〜

NUMPAC[144] は各種多重積分ルーチンを提供している．すなわち，積分領域が関数で与えられる場合の d 次元積分の直積型自動積分プログラムがあ

る．50次元までの積分に対する3次，5次，7次，9次の完全対称則による積分ルーチンが入手できる．1次元から3次元までの実変数複素数値関数の自動数値積分ルーチンもある．10次元までの積分に対する直積型公式による非自動積分がある．これは，各座標軸方向に適用する1次元積分則をいろいろと選択できる．

d次元立方体上での自動積分 HALF[119] と ADAPT[125] には Fortran のプログラムがある．Kahaner は2次元三角形領域の集合領域上での積分プログラム TWODOD[129] を与えた．この他，上の適応型積分の節で述べた各種自動積分法には，それぞれプログラムが示されているかダウンロード[†2]できるようになっている．

8.8 まとめ

多重積分は積分関数の性質の他に，次元数と積分領域に応じていろいろな計算方法が開発されてきた．低次元積分（2〜3次元）には（直積型，最小求積公式に基づく）能率的方法がある．高次元積分には，標本点数が次元に依存しない優良格子点法が適当である．しかし，この方法はまだ多くの研究すべき課題がある．また，格子点法は周期関数に適用される．非周期関数を積分するには，周期関数へ変換する前処理が必要である．

[†2] たとえば，http://www.netlib.org/toms/index.html

参考文献

[第1章]

- [1] Abramowitz, M., Stegun, I.A.(1970), *Handbook of Mathematical Functions*, Dover.
- [2] Achieser, N. I.(1947), *Theory of Approximation*, OGIZ, Moskow.
- [3] Cheney, E.W. 著, 一松 信ほか訳 (1977), 『近似理論入門』, 共立出版.
- [4] Clenshaw, C.W.(1962), Chebyshev Series for Mathematical Functions, *NPL Math. Tables 5*, London.
- [5] 浜田穂積 (1995), 『近似式のプログラミング』, 培風館.
- [6] Hart, J. F. *et al.*(1968), *Computer Approximation*, John Wiley.
- [7] 前田陽一編 (1966), 『パスカル』, 世界の名著, 中央公論社.
- [8] Ninomiya, I.(1970), Best Rational Starting Approximations and Improved Newton Iteration for the Square Root, *Math. Comp.*, V.24.
- [9] Ninomiya, I.(1970), Generalized Rational Chebyshev Approximation, *Math. Comp.*, V.24.
- [10] 二宮市三編 (2004), 『数値計算のつぼ』, 共立出版.
- [11] Ralston, A., Rabinowitz, P.(1978), *A First Course in Numerical Analysis*, p.311-331, McGraw-Hill.
- [12] Ralston, A., Rabinowitz, P. 著, 戸田英雄・小野令美 訳 (1986), 『電子計算機のための数値解析の理論と応用』, 丸善.

[13] 柳沼重剛編 (2003),『ギリシア・ローマ名言集』, 岩波文庫, 岩波書店.

[14] http://netnumpac.fuis.fukui-u.ac.jp

[第 2 章]

[15] Deuflhard, P. (1977), A Summation Technique for Minimal Solutions of Linear Homogeneous Difference Equations, *Computing*, **18**, 1-13.

[16] Deuflhard, P., Hohmann, A. (1995), *Numerical Analysis*, Walter de Gruyter, 167-169.

[17] 富士通 (1987),『Fortran & C SSLII 使用手引書（科学用サブルーチンライブラリ）』(ssl2.lib の形で提供, ソースプログラムは添付されていない. PDF マニュアル).

[18] 二宮市三編 (2004),『数値計算のつぼ』, 共立出版.

[19] 山内二郎, 森口繁一, 一松 信 (1965),『電子計算機のための数値計算法 II』第 1 編, 第 4 章, 二宮市三, 漸化式による Bessel 関数の計算, 培風館, 103-121.

[20] 吉田年雄 (1990),『漸化式を用いるベッセル関数 $I_\nu(x)$ の数値計算法の誤差解析』, 情報処理学会論文誌, **31**, 8, 1159-1167.

[21] 吉田年雄 (1997),『漸化式を用いるベッセル関数 $J_\nu(x)$ の数値計算法の別法の誤差解析』, 情報処理学会論文誌, **38**, 5, 933-943.

[22] http://netnumpac.fuis.fukui-u.ac.jp

[第 3 章]

[23] Brezinski, C.(1977), *Accélération de la Convergence en Analyse Numérique*, Springer-Verlag, Berlin.

[24] Brezinski, C. (2000), Convergence acceleration during the 20th century, *J. Comp. Appli. Math.*, **122**, 1-21.

[25] Brezinski, C., Zaglia, M. R. (1991), *Extrapolation Methods: Theory and Practice*, North-Holland.

[26] Bulirsch, R., Stoer, J.(1964), Fehlerabschätzungen und Extrapolation mit rationalen Funktionen bei Verfahren vom Richardson-Typus, *Numer. Math.*, **6**, 413-427.

[27] Delahaye, J-P.(1988), *Sequence Transformations*, Springer-Verlag, Berlin.

[28] Fessler, T., Ford, W. F., Smith, D. A. (1983), HURRY: An acceleration algorithm for scalar sequence and series, *ACM Trans. Math. Softw.*, **9**, 346-354.

[29] Ford, W. F., Sidi, A.(1987), An algorithm for generalization of the Richardson extrapolation process, *SIAM J. Numer. Anal.*, **24**, 1212-1232.

[30] Hasegawa, T., Torii, T.(1987), Indefinite integration of oscillatory functions by the Chebyshev series expansion, *J. Comp. Appli. Math.*, **17**, 21-29.

[31] Hasegawa, T., Sidi, A.(1996), An automatic integration procedure for infinite range integrals involving oscillatory kernels, *Numerical Algorithms*, **13**, 1-19.

[32] Homeier, H. H. H. (2000), Scalar Levin-type sequence transformations, *J. Comp. Appli. Math.*, **122**, 81-147.

[33] Levin, D.(1973), Development of non-linear transformations for improving convergence of sequences, *Intern. J. Computer Math.*, **3**, 371-388.

[34] Levin, D., Sidi, A. (1981), Two new classes of nonlinear transformations for accelerating the convergence of infinite integrals and series, *Appli. Math. Comp.*, **9**, 175-215.

[35] Luke, Y. L. (1975), *Mathematical Functions and Their Approximations*, Academic Press, New York.

[36] 二宮市三編 (2004), 『数値計算のつぼ』, 共立出版.

[37] Osada, N. (1990), A convergence acceleration method for some logarithmically convergent sequences, *SIAM J. Numer. Anal.*, **27**, 178-189.

[38] Osada, N. (2000), The E-algorithm and the Ford-Sidi algorithm, *J. Comp. Appli. Math.*, **122**, 223-230.

[39] Sidi, A. (1988), A user-friendly extrapolation method for oscillatory infinite integrals, *Math. Comp.*, **51**, 249-266.

[40] Sidi, A. (2003), A convergence and stability study of the iterated Lubkin transformation and the θ-algorithm , *Math. Comp.*, **72**, 419-433.

[41] Sidi, A.(2003), *Practical Extrapolation Methods, Theory and Applications*, Cambridge University Press.

[42] Sidi, A. (2004), Euler-Maclaurin expansions for integrals with endpoint singularities: a new perspective, *Numer. Math.*, **98**, 371-387.

[43] Smith, D. A., Ford, W. F.(1979), Acceleration of linear and logarithmic convergence, *SIAM J. Numer. Anal.*, **16**, 223-240.

[44] Smith, D. A., Ford, W. F. (1982), Numerical comparison of nonlinear convergence accelerators, *SIAM J. Numer. Anal.*, **38**, 481-499.

[45] Stoer, J., Bulirsch, R.(1980), *Introduction to Numerical Analysis, translated by R. Bartels, W. Gautschi and C. Witzgall*, Springer-Verlag, New York.

[46] SYSTEM5(1983), 『Euler 変換談義』, 数学セミナー, No.1, 日本評論社.

[47] Van Tuyl, A. H.(1994), Acceleration of convergence of a family of logarithmically convergent sequences, *Math. Comp*, **63**, 229-246.

[48] Wimp, J. (1981), *Sequence Transformations and Their Applications*, Academic Press, New York.

[49] http://netnumpac.fuis.fukui-u.ac.jp

[第 4 章]

[50] Benzi, M., Meyer, C. D., Tuma, M. (1996), A sparse approximate inverse preconditioner for the conjugate gradient method, *SIAM J. Sci. Comput.*, **17**, 1135–1149.

[51] Cosgrove, J. D. F., Diaz, J. C., Griewank, A. (1992), Approximate inverse preconditionings for sparse linear systems, *Intern. J. Computer Math.*, **44**, 91–110.

[52] Duff, I. S. (1981), *Sparse Matrix and their Uses*, Academic Press, London.

[53] George, A., W-H Liu, J. (1981), *Computer Solution of Large Sparse Positive Definite Systems*, Prentice-Hall, Inc., New Jersey.

[54] Golub, G. H., Van Loan, C. F. (1996), *Matrix Computations*, 3rd ed., Johns Hopkins Univ. Press., Baltimore.

[55] Fletcher, R. (1976), Conjugate gradient methods for indefinite systems, *Lecture Notes in Math.*, **506**, 73–89.

[56] Hestenes, M. R., Stiefel, E. (1952), Methods of conjugate gradients for solving linear systems, *J. Res. Natl. Bur. Stand.*, **49**, 409–436.

[57] http://graal.ens-lyon.fr/MUMPS/

[58] http://math.nist.gov/MatrixMarket/

[59] http://www.scilab.org/

[60] http://acts.nersc.gov/superlu/

[61] http://www.cise.ufl.edu/research/sparse/umfpack/

[62] http://www.cse.psu.edu/raghavan/Dscpack/

[63] http://www.mathworks.com/

[64] http://www.llnl.gov/CASC/linear_solvers/

[65] http://www.mcs.anl.gov/PETSc/

[66] http://www.wolfram.com/

[67] Munksgaard, N. (1980), Solving sparse symmetric sets of linear equations by preconditioned conjugate gradient method, *ACM Trans. Math. Softw.*, **6**, 206–219.

[68] Saad, Y. (2003), *Iterative Methods for Sparse Linear Systems*, SIAM, 2nd Ed., Philadelphia.

[69] Sonneveld, P. (1989), CGS:A fast Lanczos-type solver for nonsymmetric linear systems, *SIAM J. Sci. Stat. Comput.*, **10**, 36–52.

[70] van der Vorst, H. A. (1992), Bi-CGSTAB:A fast and smoothly converging variant of Bi-CG for the solution of nonsymmetric linear systems, *SIAMJ. Sci. Stat. Comput.*, **13**, 631–644.

[71] van der Vorst, H. A. (2003), *Iterative Krylov Methods for Large Linear Systems*, Cambridge University Press, Cambridge.

[72] Barrett, R. ほか著, 長谷川里美ほか訳 (1996),『反復法Templates』, 朝倉書店.

[73] 櫻井鉄也 (2003),『MATLAB/Scilabで理解する数値計算』, 東京大学出版会.

[74] 二宮市三編 (2004),『数値計算のつぼ』, 共立出版.

[75] 村田健郎, 名取亮, 唐木幸比古 (1990),『大型数値シミュレーション』, 岩波書店.

[第5章]

[76] Golub, G.H., Van Loan, C.F. (1996), *Matrix Computation*, 3rd ed., Johns Hopkins Univ. Press.

[77] Netlib Repository, http://www.netlib.org

[78] NetNumpac, http://netnumpac.fuis.fukui-u.ac.jp

[79] Parlett,B.N.(1980), *The Symmetric Eigenvalue Problem*, Prentice-Hall

[第 6 章]

[80] Bai, Z., Demmel, J. W. (1993), Computing the generalized singular value decomposition, *SIAM J. Sci. Comput.*, **14**, 1464-1486.

[81] Berry, M. W. (1992), Large scale sparse singular value computations, *International Journal of Supercomputer Applications*, **6:1**, 14-49.

[82] Björck, Å. (1996), *Numerical Methods for Least Squares Problems*, SIAM.

[83] Chan, T. F. (1982), An improved algorithm for computing the singular value decomposition, *ACM Trans. Math. Software*, **8**, 72-83.

[84] Chan, T. F.(1982), Algorithm 581: An improved algorithm for computing the singular value decomposition, *ACM Trans. Math. Software*, **8**, 84-88.

[85] Fernando, K., Parlett, B. (1994), Accurate singular value and differential qd algorithms, *Numer. Math.*, **67**, 191-229.

[86] Golub, G. H., Van Loan, C. F. (1996), *Matrix Computation*, 3rd ed., John Hopkins Univ. Press.

[87] Hansen, P. C. (1998), *Rank-Deficient and Discrete Ill-Posed Problems*, SIAM.

[88] 細田陽介 (1999), 2 回の QR 分解による打ち切り最小 2 乗最小ノルム解, 情報処理学会論文誌, **40**, 1051-1055.

[89] 細田陽介, 鉾田雅之, 長谷川武光 (2003), 適応的ピボット選択付二重対角化を用いた行列の特異値分解, 情報処理学会論文誌, **44**, 1649-1654.

[90] Kitagawa, T., Nakata, S., Hosoda, Y. (2001), Regularization using QR factorization and the estimation of the optimal parameter, *BIT*, **41**, 1049-1058.

- [91] Lawson, C. L., Hanson, R. J., Kincaid, D. R., Krogh, F. T. (1979), Basic linear algebra subprograms for Fortran usage, *ACM Trans. Math. Software*, **5**, 308-323.
- [92] 中川徹，小柳義夫 (1982)，『最小二乗法による実験データ解析：プログラム SALS』，東京大学出版会．
- [93] Saad, Y. (1992), *Numerical Methods for Large Eigenvalue Problems*, Manchester University Press.
http://www-users.cs.umn.edu/ saad/books.html
- [94] Trefethen, L. N., Bau, D. (1997), *Numerical Linear Algebra*, SIAM.
- [95] LAPACK, http://www.netlib.org/lapack/
- [96] NetNUMPAC, http://netnumpac.fuis.fukui-u.ac.jp/
- [97] SVDPACK, http://www.netlib.org/svdpack/

[第 7 章]

- [98] Ralston, A., Rabinowitz, P. (1978), *A First Course in Numerical Analysis*, 254-260, McGraw-Hill, Inc.
戸田英雄，小野令美訳 (1986)，『電子計算機のための数値解析の理論と応用＜上＞』，丸善．
- [99] Fujitsu,『NUMPAC 使用手引き書』(Vol.1-3)．
Fujitsu,『*NUMPAC User's Guide*』(Vol.1-3)　［英語版］．
- [100] 富士通,『SSLII 使用手引き書（科学用サブルーチンライブラリ）』．
- [101] 秦野和郎 (1977)，『区分的エルミート補間の誤差解析』．情報処理，Vol.17, No.9, 789-795．
- [102] 秦野和郎 (1977)，『補間スプラインの誤差解析』．情報処理，Vol.18, No.1, 2-10．
- [103] 二宮市三編 (2004)，『数値計算のつぼ』，共立出版．
- [104] 桜井明監修，菅野敬祐，吉村和美，高山文雄著 (2000)，『C によるスプライン関数』，東京電機大学出版局．

[105] http://netnumpac.fuis.fukui-u.ac.jp

[第 8 章]

[106] Berntsen, J., Espelid, T. O., Genz, A.(1991), An adaptive algorithm for the approximate calculation of multiple integrals, *ACM Trans. Math. Softw.*, **17**, 437-451.

[107] Berntsen, J., Espelid, T. O., Genz, A. (1991), Algorithm 698: DCUHRE: An adaptive multidimensional integration routine for a vector of integrals, *ACM Trans. Math. Softw.*, **17**, 452-456.

[108] Berntsen, J., Espelid, T. O. (1988), On the construction of higher degree three-dimensional embedded integration rules, *SIAM J. Numer. Anal.*, **25**, 222-234.

[109] Bourdeau, M., Pitre, A. (1985), Tables of good lattices in four and five dimensions, *Numer. Math.*, **47**, 39-43.

[110] Cools, R.(1997), Constructing cubature formulae: the science behind the art, *Acta Numerica*, **6**, 1-54.

[111] Cools, R. (2003), Advances in multidimensional integration, *J. Comput. Appli. Math.*, **149**, 1-12.

[112] Cools, R., Haegemans, A.(1989), On the construction of multidimensional embedded cubature formulae, *Numer. Math.*, **55**, 735-745.

[113] Cools, R., Haegemans, A.(2003), Algorithm 824: CUBPACK: A Package for automatic cubature; Framework description, *ACM Trans. Math. Softw.*, **29**, 287-296.

[114] Cools, R., Laurie, D., Pluym, L.(1997), Algorithm 764: CUBPACK++: A C++ Package for automatic two-dimesional cubature, *ACM Trans. Math. Softw.*, **23**, 1-15.

[115] Cools, R., Mysovskikh, I. P., Schmid, H. J.(2001), Cubature formulae and orthogonal polynomials *J. Comput. Appli. Math.*, **127**,

121-152.

[116] Davis, P., Rabinowitz, P. (1984), *Methods of Numerical Integration 2nd edit.*, Academic Press, Orland.

[117] de Doncker, E., Robinson, I. (1984), An algorithm for automatic integration over a triangle using nonlinear extrapolation, *ACM Trans. Math. Softw.*, **10**, 1-16.

[118] de Doncker, E., Robinson, I.(1984), Algorithm 612 TRIEX: Integration over a triangle using nonlinear extrapolation, *ACM Trans. Math. Softw.*, **10**, 17-22.

[119] van Dooren, P., de Ridder, L.(1976), An adaptive algorithm for numerical integration over an n-dimensional cube, *J. Comp. Appli. Math.*, **2**, 207-217.

[120] Engels, H.(1980), *Numerical Quadrature and Cubature*, Academic Press, London.

[121] Espelid, T. O., Genz, A. (1994), DECUHR: An algorithm for automatic integration of singular functions over a hyperrectangular region, *Numerical Algorithms*, **8**, 201-220.

[122] Espelid, T. O. (1987), On the construction of good fully symmetric integration rules, *SIAM J. Numer. Anal.*, **24**, 855-881.

[123] Evans, G. (1993), *Practical Numerical Integration*, Wiley, Chichester.

[124] Genz, A., Cools, R.(2003), An adaptive numerical cubature algorithm for simplices, *ACM Trans. Math. Softw.*, **29**, 297-308.

[125] Genz, A. C., Malik, A. A. (1980), Remarks on algorithm 006: An adaptive algorithm for numerical integration over an N-dimensional rectangular region, *J. Comp. Appli. Math.*, **6**, 295-302.

[126] Hlawka, E. (1962), Zur angenäherten Berechnung mehrfacher Integrale, *Monatsh. Math.*, **66**, 140-151.

[127] Hua, L. K., Wang, Y. (1981), *Applications of Number Theory to Numerical Analysis*, Springer-Verlag, Berlin.

[128] Kahaner, D. K., Wells, M. B.(1979), An experimental algorithm for N-dimensional adaptive quadrature *ACM Trans. Math. Softw.*, **5**, 86-96.

[129] Kahaner, D. K.(1987), TWODOD an adaptive routine for two-dimensional integration, *J. Comput. Appli. Math.*, **17**, 215-234.

[130] Keast, P.(1987), Cubature formulas for the surface of the sphere, *J. Comput. Appli. Math.*, **17**, 151-172.

[131] Korobov, A. N.(1959), The approximate computation of multiple integral, *Dokl. Akad. Nauk SSSR*, **124**, 1207-1210.

[132] Kuipers, L., Niederreiter, H.(1974), *Uniform Distribution of Sequences*, Wiley, New York.

[133] Laurie, D. P.(1982), Algorithm 584 CUBTRI: Automatic cubature over a triangle, *ACM Trans. Math. Softw.*, **8**, 210-218.

[134] Lyness, J. N. (1992), On handling singularities in finite elements, *Numerical Integration: Recent developments, software and application, edited by T. O. Espelid and A. Genz*, Kluwer, 127-150.

[135] Lyness, J. N., Cools, R.(1994), A survey of numerical cubature over triangles, *Proc. Symp. Appli. Math.*, **48**, 127-150.

[136] Maisonnueve, D.(1972), Recherche et utilisation des 'bons treillis', Programmation et résultants numériques, *Applications of Number Theory to Numerical Analysis, S. K. Zaremba (Ed.)*, Academic Press, New York.

[137] Mantel, F., Rabinowitz, P.(1977), The application of integer programming to the computation of fully symmetric integration formulas in two and three dimensions, *SIAM J. Numer. Anal.*, **14**, 391-425.

[138] Niederreiter, H.(1992), *Random Number Generation and Quasi-Monte Carlo Methods*, SIAM, Philadelphia.

[139] 二宮市三編 (2004),『数値計算のつぼ』, 共立出版.

[140] Sidi, A. (2005), Extension of a class of periodizing variable transformations for numerical integration, *Math. Comp.*, **S 0025-5718(05)01773-4**, electronically published on August 31, 2005.

[141] Sloan, I. H., Joe, S. (1994), *Lattice Methods for Multiple Integration*, Oxford University Press.

[142] 鳥居久訓, 杉浦洋 (1993), 3, 4, 5, 6 次元の GLP の探索について, 日本応用数理学会論文誌, **3**, 157-175.

[143] Ueberhuber, C. W. (1997), *Numerical Computation 2, Methods, Software, and Analysis*, Springer-Verlag, Berlin Heidelberg.

[144] http://netnumpac.fuis.fukui-u.ac.jp

索　引

■あ

IEEE 規格, 6
悪条件（固有値）, 85
悪条件問題, 119
affine 変換, 142
アンダーフロー, 87
E アルゴリズム, 61
位相, 19
位相振幅法, 18, 19
1 - ノルム（行列）, 85
1 - ノルム（ベクトル）, 85
1 変数関数, 2
一様近似, 2
一様分布, 147
一様乱数, 146, 147
一般形の関数, 4
一般固有値問題, 86
ε アルゴリズム, 51, 53, 61, 62, 153
陰的シフト QR 法, 100, 112, 115
Wilkinson シフト, 100, 101, 115
上 Hessenberg 化, 91
上 Hessenberg 行列, 90
打切り精度, 17
打ち切り特異値分解法, 119
埋め込み型公式, 151–153
裏わざ, 10
Aitken の Δ^2 法, 46, 47, 50-52, 61
SSLII, 140
$\mathcal{S}$ 変換, 61
FS アルゴリズム, 61

LAPACK, 101, 120
Euler 級数, 61
Euler 変換, 51, 61
Euler-Maclaurin 公式, 47, 48
OREMES, 7
オーダリング, 65
オーバーフロー, 87
押し上げ, 7, 10, 20

■か

階乗列, 45, 46
Gauss 積分則, 145
拡張倍精度数, 6
拡張 4 倍精度, 6
確率論的手法, 146
加速法, 153
可約（行列）, 93
関数の精度, 22
完全対称則, 146, 152, 154
完全対称点, 146
奇関数, 4
企業秘密, 7
基礎微分方程式, 14
Givens 変換, 97, 109
既約（行列）, 93
逆反復法, 89, 92, 95
QR 分解, 95, 106, 109
QR 法, 92, 95, 96, 100
QREMES, 7, 8, 11
境界条件, 17

168　索　引

共役勾配法, 66
行列のランク, 118
極値点探索, 5
切り分け, 11, 12, 20
近似逆行列, 76
偶関数, 4
区間縮小, 19
区分的 Hermite 補間, 123, 125
区分的多項式, 121, 123, 132
組み込み数学関数, 22
Clenshaw の求和法, 14, 18
Clenshaw の方法, 14
$K_n(x)$, 23
桁落ち, 8, 12, 53, 135
決定版, 13
減次変換, 15
原点近傍, 8, 13
高次 rank Lattice Rule, 150
高精度演算システム, 6
高速 Givens 変換, 106, 111
高速高精度計算, 20
交代級数, 44, 45, 51, 54, 58, 62
試みの解, 17
誤差解析, 24, 31
固有値, 84, 104
固有値問題, 83
固有対, 84
固有ベクトル, 84, 104
混合演算, 6
コンピュータグラフィックス, 19

■さ

最小求積公式, 144, 146, 152
最小 2 乗最小ノルム解, 117, 120
最小 2 乗問題, 105, 116, 117
最良近似, 2
最良近似式, 2, 20, 22
最良近似式作成システム, 6
差分, 45, 46, 54
差分商, 55, 133
差分方程式, 57

三角積分, 13, 17, 18
3 次元立方体, 152
3 次スプライン補間, 126
三重対角化, 90
三重対角行列, 84, 115
CRS 形式, 78
CCS 形式, 81
次元の呪い, 143
指数積分, 13
下 Hessenberg 行列, 90
四手和, 6
自動積分ルーチン, 154
シフトパラメータ（逆反復法）, 89, 95, 96, 100
シフトパラメータ（QR 法）, 95, 100, 101, 115
Shanks 変換, 51, 52
周期関数, 130, 137
従属ノルム, 85
重率, 2
主要項, 9, 10
準 Monte Carlo 法, 142, 147
条件数, 85
情報落ち, 10
初期ベクトル, 87, 89
振動関数, 11
振動無限積分, 50, 56, 58, 60, 61
振幅, 19
Simpson 則, 48
シンプレックス, 143, 146, 153
数式処理, 9
数値的不安定, 53
スプライン補間, 126
スペクトル半径, 86
ずらし Chebyshev 級数, 14
ずらし Chebyshev 多項式, 14, 60
正規化条件, 17
正弦積分, 13, 18
正定値, 66
絶対近似, 11

索　引

絶対誤差, 2
摂動法, 61
漸化式, 23, 47, 48, 55–57
漸化式を用いる計算法, 21, 23
漸近級数, 14, 18
漸近展開, 45, 47, 48, 56, 58, 59
線形結合, 135, 137
線形消減演算子, 46
線形変換, 50, 51
線形 4 項漸化式, 16
線形列, 45, 53, 62
双共役勾配法, 73
相似変換, 84
相対近似, 11
相対誤差, 2
疎行列, 64, 87

■た

第 1 種 Bessel 関数, 21
第 1 種変形 Bessel 関数, 21
対角化, 105, 112
台形則, 47, 48
対称行列, 104
対数列, 45, 54, 55, 58, 62
第 2 種 Bessel 関数, 23
第 2 種変形 Bessel 関数, 23
多項式, 2
多項式補外, 49
多重積分プログラム, 153
Duffy 変換, 142, 144
W アルゴリズム, 56–58, 60–62
多変数関数, 2
短縮値, 12
Chebyshev, 2
Chebyshev 級数, 17, 18
Chebyshev 近似, 2
Chebyshev 多項式, 3
Chebyshev の定理, 2
中間領域, 11
中点列, 7
超幾何関数, 2

直積型自動積分, 153
直積型積分則, 143, 144
直接法, 64
d 次元球, 143
d 次元立方体 C_d, 143, 145, 152
d 変換, 56, 57
Tikhonov の正則化法, 119
θ アルゴリズム, 61, 62
Taylor 展開, 44
適応型 Euler 変換, 51
適応型自動積分法, 151
適応型積分法, 142
D 変換, 56, 58, 59
Deuflhard の方法, 21, 23, 35
導関数, 123, 125–127, 129, 132, 133, 135, 136
等幅振動, 3, 20
特異値, 104
特異値分解, 104
特異値分解の計算量, 117
特異ベクトル, 104, 116
特殊関数, 13

■な

NUMPAC, 7, 101, 120, 140
二重対角化, 105
二段引き, 12, 20
2 - ノルム（行列）, 85
2 - ノルム（ベクトル）, 85
二分法, 92
Newton 法, 12
任意精度演算システム, 6
任意精度指定型, 22
抜き寄せ, 9, 10, 12, 19, 20
ネスティング, 14
NetNUMPAC, 28
Neville-Aitken アルゴリズム, 49

■は

Harwell-Boeing 形式, 81
Householder 行列, 90

索引

Householder 変換, 90, 106
Householder 法, 90
8 倍精度演算システム, 7
8 倍精度システム, 6
Halton 列, 148
反極限, 44, 48
Hankel 関数, 13, 17
B スプライン, 132–135, 137
非周期関数, 151
非線形変換, 50, 51
p-ノルム（行列）, 85
p-ノルム（ベクトル）, 85
微分方程式, 59
ピボット選択を用いた二重対角化, 109
ピボット選択付 QR 分解, 118
標準関数, 6, 22
標準区間, 4
標準問題, 4
van derCorput 列, 147
不安定な積分則, 145
フィルイン, 65
Fourier 展開, 149
不確定特異点, 14
不完全 LU 分解, 74
不完全 Cholesky 分解, 70
複素計算, 6
フル精度固定型, 22
Fresnel 積分, 13, 17
平方根, 3, 7
並列三角関数, 19
冪乗変換, 15
冪乗法（固有値問題）, 87
ベクトル関数, 153
Bessel 関数, 2, 11, 13, 21, 22, 59, 60
Bessel 関数の級数の和, 21
Besse 関数の計算法, 21
Hessenberg 行列, 84, 90
Bernoulli 関数, 8
Bernoulli 数, 47
Bernstein 多項式, 2

変形 Bessel 関数, 13, 17, 21
偏差点, 3
変数変換, 151
補外, 44, 49
補間条件, 124, 136–138
補助関数, 14, 18

■ま

埋没, 9
前処理, 69
前処理行列, 69
丸めの単位, 87
密行列, 64
Minimax 近似, 2
Miller の方法, 21, 23
Moore-Penrose の一般逆行列, 118, 119
無限遠点近傍, 11, 13
∞-ノルム（行列）, 85
∞-ノルム（ベクトル）, 85
Monte Carlo 法, 142, 146

■や

Jacobi の楕円関数, 3, 8
有理関数補外, 48, 49
有理式, 2
優良格子点, 150
優良格子点法, 148
陽的シフト QR 法, 100
余弦積分, 13, 18
余誤差関数, 13
4 項漸化式, 17
4 倍精度演算システム, 7
4 倍精度システム, 6

■ら

rank 1 Lattice Rule, 149
Richardson 補外, 47, 48, 55, 59
立方体, 142
領域の変換, 144
良条件（固有値）, 85
累乗法（固有値問題）, 87
Lubkin 変換, 61

零点, 11
Rayleigh 商, 88
Reyleigh 商反復, 88
Levin 変換, 44, 45, 54, 55, 61, 62
Remes の算法, 5, 6, 20
連続単調変換, 4

連立 1 次方程式, 128, 137, 138
ρ アルゴリズム, 61, 62
Romberg 積分, 47, 48

■わ

$Y_n(x)$, 23
Weierstrass, 2

数値計算のわざ	編 者　二宮　市三
	著 者　二宮　市三・吉田　年雄 　　　　長谷川武光・秦野　甯世 　　　　杉浦　　洋・櫻井　鉄也 　　　　細田　陽介　Ⓒ 2006
	発行者　南條光章
2006 年 2 月 25 日　初版 1 刷発行 2006 年 12 月 25 日　初版 2 刷発行	発行所　共立出版株式会社 　　　　東京都文京区小日向 4-6-19 　　　　電話　東京 3947 局 2511 番（代表） 　　　　郵便番号　112-8700 ／振替 00110-2-57035 　　　　URL http://www.kyoritsu-pub.co.jp/
	印　刷　啓　文　堂 製　本　関山製本
検印廃止 NDC007.64 ISBN 4-320-01803-6	社団法人 自然科学書協会 会員 Printed in Japan

JCLS <㈳日本著作出版権管理システム委託出版物>
本書の無断複写は著作権法上での例外を除き禁じられています．複写される場合は，そのつど事前に㈳日本著作出版権管理システム（電話 03-3817-5670, FAX 03-3815-8199）の許諾を得てください．

■数学関連書

http://www.kyoritsu-pub.co.jp/ 共立出版

数学小辞典……………………………矢野健太郎編	テキスト微分積分……………………………小寺平治著
数学 英和・和英辞典……………………小松勇作編	大学新入生のための微分積分入門………石村園子著
共立 数学公式 附函数表 改訂増補………泉 信一他編	やさしく学べる微分積分……………………石村園子著
新装版 数学公式集…………………小林幹雄他共編	初歩からの微分積分…………………………小島政利他著
数(すう)の単語帖……………………………飯島徹穂編著	詳解 微積分演習Ⅰ・Ⅱ……………………福田安蔵他編
素数大百科………………………………SOJIN編訳	ルベーグ積分超入門…………………………森 真著
黄金分割………………………………………柳井 浩訳	物理現象の数学的諸原理……………………新井朝雄著
My Brain is Open……………………グラベルロード訳	差分と超離散…………………………………弘田良吾他著
カッツ数学の歴史…………………………上野健爾他監訳	演習で身につくフーリエ解析………………黒川隆志他著
代数方程式のガロアの理論………………………新妻 弘訳	やさしく学べる微分方程式…………………石村園子著
復刻版 近世数学史談・数学雑談…………高木貞治著	詳解 微分方程式演習………………………福田安蔵他編
高校数学+α 基礎と論理の物語………………宮腰 忠著	微分方程式と変分法…………………………高桑昇一郎著
大学新入生のための数学入門 増補版…………石村園子著	微分方程式による計算科学入門……………三井斌友他著
やさしく学べる基礎数学……………………石村園子著	MATLABによる微分方程式とラプラス変換…芦野隆一他著
Ability 大学生の数学リテラシー……………飯島徹穂編著	数学の基礎体力をつけるためのろんりの練習帳…中内伸光著
数列・関数・微分積分がビジュアルにわかる基礎数学のⅠⅡⅢ 江見圭司他著	ビギナーのための統計学……………………渡邊宗孝他著
ベクトル・行列がビジュアルにわかる線形代数と幾何 江見圭司他著	やってみよう統計……………………………野田一雄他著
クイックマスター線形代数 改訂版……………小寺平治著	統計学の基礎と演習…………………………濱田 昇他著
テキスト線形代数……………………………小寺平治著	集中講義！統計学演習………………………石村貞夫著
明解演習線形代数……………………………小寺平治著	Excelで楽しむ統計……………………………中村美枝子他著
やさしく学べる線形代数……………………石村園子著	看護師のための統計学………………………三野大來著
詳解 線形代数の基礎………………………川原雄作他著	Excelで学ぶやさしい統計処理のテクニック 第2版…三輪義秀著
詳解 線形代数演習…………………………鈴木七緒他編	明解演習数理統計……………………………小寺平治著
代数学の基本定理……………………………新妻 弘訳	データ分析のための統計入門………………岡太彬訓他著
代数学講義 改訂新版…………………………高木貞治著	データマイニングの極意……………………上田太一郎編著
群・環・体 入門………………………………新妻 弘他著	データマイニング事例集……………………上田太一郎著
演習 群・環・体 入門…………………………新妻 弘著	データマイニング実践集……………………上田太一郎著
ツイスターの世界……………………………高崎金久著	新装版 ゲーム理論入門……………………鈴木光男著
カー・ブラックホールの幾何学………………井川俊彦訳	数値計算のつぼ………………………………二宮市三編
じっくり学ぶ曲線と曲面………………………中内伸光著	数値計算の常識………………………………伊理正夫他著
素数の世界 第2版……………………………吾郷孝視訳著	Excelによる数値計算法………………………趙 華安著
ユークリッド原論 縮刷版………………中村幸四郎他訳・解説	これなら分かる最適化数学教室……………金谷健一著
我が数,我が友よ………………………………吾郷孝視編訳	これなら分かる応用数学教室………………金谷健一著
数論入門講義……………………………………織田 進訳	Windows版 統計解析ハンドブック 基礎統計……田中 豊他編
初等整数論講義 第2版………………………高木貞治著	Windows版 統計解析ハンドブック 多変量解析……田中 豊他編
明解演習微分積分……………………………小寺平治著	Windows版 統計解析ハンドブック ノンパラメトリック法 田中 豊他編
クイックマスター微分積分…………………小寺平治著	